针对儿童群体的恢复性声景观研究

舒 珊 马 蕙 著

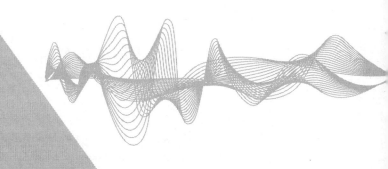

U0370203

ZHENDUI ERTONG QUNTI DE
HUIFU XING
SHENGJINGGUAN YANJIU

哈尔滨工业大学出版社

内 容 简 介

本书以恢复性为研究角度,针对学龄儿童日常生活场所中的声景进行系统研究。首先,通过问卷调查初步探索学龄儿童的恢复性需求、体验,以及具有潜在恢复性的视听因素;其次,通过实验室主观评价探索儿童对不同声源类型和信噪比的恢复性感知评价;再次,通过实验验证日常声景对儿童注意恢复和压力缓解的实际效益;最后,以循证设计为理念,解析儿童恢复性声景的优化设计方法。本书以期为儿童健康的空间环境的研究和可持续设计提供理论依据和崭新视角。

图书在版编目(CIP)数据

针对儿童群体的恢复性声景观研究/舒珊,马蕙著.—哈尔滨:哈尔滨工业大学出版社,2022.7
ISBN 978 - 7 - 5767 - 0275 - 0

Ⅰ.①针… Ⅱ.①舒… ②马… Ⅲ.①建筑声学 - 研究 Ⅳ.①TU112

中国版本图书馆 CIP 数据核字(2022)第 134744 号

HITPYWGZS@163.COM
艳|文|工|作|室 13936171227

针对儿童群体的恢复性声景观研究
ZHENDUI ERTONG QUNTI DE HUIFUXING SHENGJINGGUAN YANJIU

策划编辑　李艳文　范业婷
责任编辑　赵凤娟
出版发行　哈尔滨工业大学出版社
社　　址　哈尔滨市南岗区复华四道街 10 号　邮编150006
传　　真　0451 - 86414749
网　　址　http://hitpress. hit. edu. cn
印　　刷　哈尔滨圣铂印刷有限公司
开　　本　787mm×1092mm　1/16　印张12.25　字数186 千字
版　　次　2022 年 7 月第 1 版　2022 年 7 月第 1 次印刷
书　　号　ISBN 978 - 7 - 5767 - 0275 - 0
定　　价　58.00 元

前　言

　　随着城市化的高度发展,紧张而喧嚣的城市环境引发越来越多的公共健康问题,城市居民的生理和心理消耗日益增加。其中,儿童作为特殊的社会群体,与成人相比更容易受到周围环境的影响,而且他们在日常的生活和学习中也承受着一定程度的认知疲劳和精神压力。因此,通过环境的设计优化来修复疲劳和压力给儿童带来的负面影响具有迫切的现实意义。

　　恢复性环境是环境心理学领域的一个概念,是指能使人们更好地从心理疲劳和压力状态中恢复过来的环境。其中,声景作为城市环境不可或缺的组成因素,对恢复性环境的营造至关重要。

　　本书以学龄儿童为研究对象,以恢复性为研究角度,对学龄儿童日常生活场所中的声景进行了系统的探讨和研究。首先,通过社会问卷调查的方法,初步探索了学龄儿童对恢复性环境的需求、对目前生活环境的恢复性评价,以及具有潜在恢复性的声音和视觉因素。同时,对教室和公园这两种儿童日常生活场所的声环境进行了初步的实地测试。其次,在问卷调查的基础上,提取了16种对儿童具有潜在恢复性的声景,进一步通过实验室主观评价的方法探索了儿童对不同声源类型和信噪比的恢复性感知评价,分析了恢复性声景的主观感知特质和客观声学特征,并确定了对儿童具有潜在恢复性的声源类型和信噪比。再次,以具有潜在恢复性的声源类型和信噪比为实验刺激,以儿童的注意恢复(持续注意力和短时记忆力)和压力缓解(情绪压力和生理压力)为研究指标,通过前后对比的实验设计,分别验证了这些声景对学龄儿童的实际恢复性效果和作用规律。最后,基于上述研究成果,以循证设计为理念,解析如何逐步将恢复性声景的研究结果应用于儿童生活场所的优化设计中。

　　综上,本书从学龄儿童的视角出发,对他们生活场所中的恢复性声景进行了系统而深入的发掘和探讨,以期为儿童空间环境研究和设计提供崭新的视角,同时为创建健康、可持续的儿童生活场所声环境提供可靠、扎实的理论依据。

作者

2022 年 4 月

特别致谢 | Acknowledgement

感谢博士生导师天津大学建筑学院马蕙教授对本书全方位的指导和支持，并向天津大学建筑学院康健教授、哥德堡大学 Kerstin Persson Ways 教授表示衷心的谢意，感谢他们的指导和帮助。

另外，感谢国家自然科学基金项目"宁静致远，和谐共生——城市健康声环境的建立和体系研究"（项目编号：51978454）、"环境噪声对儿童影响及相应修复性环境的实验研究"（项目编号：51478303），以及山东省自然科学基金青年基金项目"基于健康恢复的滨海公共空间声景优化设计研究"（项目编号：ZR2021QE256）对本书的支持。

目　　录

第1章 绪 论

1.1 课题背景

1.城市化高度发展引发公共健康问题

近年来,我国城市化进程大规模快速发展,目前城镇人口已经超过农村人口,截至2018年,我国人口城镇化率达60%,预计到2025年,全国人口的70%（约9亿人)将生活在城镇中[1]。城市化的迅速发展一方面极大地改变着城市人居环境,导致生态环境日益严峻,另一方面也导致了更加快节奏、高压力的居民生活方式。因此,在外在生活环境和内在生活方式的双重压力下,越来越多的公共健康问题逐渐凸显出来[2]。调查研究表明,现代城市喧嚣的生活环境不仅严重影响城市居民的心理状态和情绪健康,使得人们内心烦躁、负面情绪滋生、集中注意力等认知能力下降,而且进一步导致失眠、肥胖、抑郁、心脑血管疾病等慢性非传染病的蔓延[3]。

同时,现代化城市的快速发展对儿童群体的身心健康同样产生了严重的负面影响。城市空间的高密度发展态势导致了自然性环境的不断减少,大部分城市居民的生活都是围绕着电子产品和网络,进行户外活动的场所日渐匮乏,接触自然的机会也越来越少,这一现象在学龄儿童身上尤为突出[4]。近年来,现代化的生活、学习和娱乐方式使得儿童与自然之间的物理联系逐渐疏远,甚至产生了严重的割裂,美国作家理查德·洛夫(Richard Louv)在他的著作《林间最后的小孩——拯救自然缺失症儿童》中将这种儿童与自然的割裂关系称为自然缺失症(Nature-deficit disorder)[5]。自然缺失症与通常的身心病症不同,它更多地用来指代一种病态的现象。这一概念的提出强调了自然在儿童健康发展过程中是不可或缺的。学龄阶段是个体身心成长的重要时期,这个阶段的儿童通过感觉和知觉获取外界信息,然后逐步对信息进行认知和思维上的整合、判断、推理,以此实现心智的健康发展。因此,当儿童疏离于自然环境,缺少在自然中学习、探索和体验生命的经历时,儿童的身心健康发展就会受到影响,容易变得孤独、焦躁、易怒,甚至在道德、情感、智力上有所缺失,并且会引发多种体质问题,如儿童肥胖症等。不仅如此,长期的自然缺失症还可能会影响整个人类群体未来的健康状况,并导致生态失衡等一系列严重的环境问题。可见,自然缺失症的治疗是一项紧迫而意义重大的工作。此外,现代社会中学龄儿童正普遍承受着生活与学习的双重压力,繁重的学习任务也为儿童的认知能力发展带来了新的挑战。《儿童蓝皮书:中国儿童发展报告(2019)》指出,随着学段的提高,儿童的室外活动和玩耍时间越来越少,而做作业和使用电子产品的时间却越来越多[6]。在传统教育思想下,家长和学校对于学习任务的要求与日俱增,因此儿童心理压力与注意力疲劳的问题也随之日益严峻[7]。

综上可见,在社会竞争加剧、生活压力加大、工作和学习任务加重的时代背景下,无论是成年人还是儿童,人们都急需寻求缓解疲劳和释放压力的有效方式与途径。现阶段,越来越多的城市居民开始通过增加体力活动来改变现代不良的生活习惯和生活方式。但是与此同时,外在环境因素的影响也不容忽视,尤其对于儿童等弱势群体,外界物理环境对于他们的心理、生理、行为和认知都有重要影响[8]。因此,随着城市居民对空间和场所的健康效益提出越来越高的需求,构建有效缓解人群精神压力、促进体力活动、恢复身心健康的环境和场所,是城市规划、建筑设计和风景园林等学科都需要迫切攻克的难题。

2. 恢复性环境研究的兴起

针对日益严峻的城市公共健康问题,国内外学者就如何构建健康的城市环境开展了广泛的讨论和研究。环境心理学相关研究提出,森林、绿地等自然环境能够有效地缓解人们的认知疲劳、减少消极情绪,并在一定程度上促进生理健康的恢复,这种环境被称为"恢复性环境"(Restorative environment)[9]。恢复性环境的理念与1984年世界卫生组织(World Health Organization,WHO)提出的"健康城市"(Healthy city)概念一脉相承,强调通过预防手段来完善城市的物质和社会环境,并推动居民养成健康的生活方式,而不是事后再通过消耗大量的医疗资源进行补救[10]。因此,恢复性环境的研究有助于从根本上改善城市环境,减轻社会医疗经济负担,促进社会和谐稳定和可持续发展。

20世纪以来,恢复性环境逐渐发展为多个领域的研究热点,受到了环境心理学、公共健康和城市规划等学界的广泛关注[11,12]。面对现代城市中日益严重的环境与健康的挑战,恢复性环境研究中学科交叉融合的特征凸显,成为引领跨领域合作的一个桥梁和纽带。恢复性环境一开始主要集中在视觉体验的研究证实上,但之后因这一限定与现实情境不符,使其应用价值颇受质疑。现实世界中,视觉是人们感知环境的最主要途径,但不是唯一的途径,人们对环境的体验还可以通过听觉、嗅觉和触觉等其他各种感知通道获得[13]。其中,声环境作为城市环境不可或缺的组成部分,其恢复性作用在近年来也逐渐引起一些关注。环境声音无处不在,与人们的生活息息相关。营造积极良好的声环境,为居民提供安静舒适的生活场所,不仅能够缓解压力和疲劳,还能促进人们之间的交流和互动[14]。然而,良好的声环境,不仅指足够低的噪声水平,还应该添加积极有益的声音,丰富人们对声环境的感知和体验。从这个意义来讲,恢复性声景的创建是健康人居声环境的重要体现。

3. 儿童所处声环境的重要性和特殊性

2018年底,国家统计局公报显示,我国儿童人口(0~14岁)达到2.35亿,比例占总人口的16.8%[1]。儿童群体作为未来国家发展的接班人和主力军,其身心健康成长在一定程度上决定着未来的国家竞争力,因此一直都是人们普遍关注的社会话题。随着对儿童群体身心健康问题认识的深入,我国已更加确信为儿童营造健康生活和学习环境的重要性。2010年,国务院发布了《中国儿童发展纲要(2011—2020年)》,明确将儿童与环境作为主要目标之一,提出要通过改善儿童生存的自然环境和优化儿童发展的社会环境来促进他们身心健康成长[15]。

其中,声环境作为人们日常生活环境不可或缺的一部分,引起越来越多的关注。与成人相比,儿童的包括听觉机能在内的身心健康正处在快速发展阶段,尚未发育完善,更容易受到周围环境的影响。

其中,声环境在儿童的生活和学习中扮演了重要的角色,良好的声环境能够帮助他们更好地学习并有利于他们身心健康发展。在 2007 建筑未来·声学工程师交流会上,吴硕贤院士提出了"给 13 亿人民以更多的听觉关怀"。在这 13 亿人口中,约 1/6 是关系国家和社会未来发展的学龄儿童,由于他们的生理、心理、认知和行为都正处于不断地发育和完善中,因此更需要得到细致的关怀和呵护。

长期以来,国内外学者都将关注点集中在环境噪声对儿童健康的影响上,大量研究表明了交通噪声等对儿童的注意力、记忆力、计算能力和推理能力等有消极影响[16]。然而,近年来的研究表明,单纯地降低噪声水平并不等同于创建了一个良好的声环境,控制噪声只能在非常有限的程度上缓解噪声对儿童的身心健康带来的危害。与环境噪声不同,具有某些特质的声景元素,可能对他们的身心健康有潜在的恢复甚至促进作用。因此,对于儿童生活场所的优化设计,需要充分考虑儿童自身对恢复性的需求,不仅要被动地应对噪声带来的危害,而且要积极主动地进行声景优化设计,努力创设一个良好的、舒适的、具有恢复性作用的声环境,为他们的健康成长提供良好的物质环境基础。

1.2 研究目的与意义

1.2.1 研究目的

本课题的研究目的在于,通过社会调查和主观评价,系统地探索对学龄儿童具有恢复性的声景及其特征,并通过实验室研究来验证这些恢复性声景对儿童健康的实际作用效果。具体而言,本课题旨在解决以下问题。

（1）对儿童而言有没有恢复性的声景存在?

（2）对儿童具有潜在恢复性作用的声景具有什么样的主观和客观特质?

（3）这些声景是否能够真正实现儿童的注意恢复?

（4）这些声景是否能够真正实现儿童的压力缓解?

（5）如何在儿童日常生活场所中进行恢复性声景的优化设计?

1.2.2 研究意义

本书将以学龄儿童为研究对象,探究对这一群体具有恢复性作用的声景,并进一步验证它们对学龄儿童身心健康的实际影响,对于今后儿童生活场所恢复性声景的理论研究、设计实践和社会经济层面都有重要的现实意义。

1. 对理论研究层面的意义

声景对健康的影响是近年来学术界的研究热点之一,但既往研究更多侧重于声景对成人的影响。相对而言,针对弱势群体的声景研究较为匮乏。因此,本课题以学龄儿童作为主要的研究被试,会填补这方面的研究空白,丰富声景基础研究的数据库,为我国声环境的后续相关研究提供借鉴,同时为噪声标准和政策的合理化和人性化提供理论依据。

2. 对设计实践层面的意义

我国的恢复性环境研究尚处在起步阶段,恢复性环境的评价手段仍不完善,对城市规划、建筑设计、景观规划的参考和指导还缺乏基础数据和基本规律。本课题通过社会调查和实验室研究,从儿童的需求出发探索恢复性声景对其身心健康的影响,并提出针对学龄儿童的恢复性声景设计策略,旨在为儿童声环境研究提供新的思路和方法,这对儿童用房和活动场所的环境优化设计具有重要的指导作用。

3. 对社会经济层面的意义

现代社会生活中,长期的认知疲劳和心理压力会进一步诱发失眠、抑郁、心血管疾病等严重的健康问题,对于儿童群体的影响后果更为严重,甚至会长期危害儿童的身心健康,在其心智发展上烙下不良印记,影响成年以后的工作和生活。本课题以恢复性为研究理念,强调从早期开始关注儿童身心健康的恢复,预防压力和疲劳带来的长期负面影响,以期用最少的社会资源获得最大的恢复效益,减轻社会医疗经济负担,因此具有重要的社会经济价值。

1.3 国内外研究综述

1.3.1 儿童所处声环境相关研究

儿童的身心健康都处在快速发展的阶段,极易受到周围物理环境(包括声环境)的影响[17]。此外,由于儿童与成人在生理结构和心理状态等方面的差异,声环境对儿童的影响与成人有着显著的不同[18]。总体来说,声环境对儿童身心健康的影响可以分为两个方面:消极影响和积极影响。下面将分别对这两个方面的相关研究进行综述分析。

1. 声环境对儿童的消极影响

目前,国内外学者针对儿童声环境的消极影响已经进行了广泛的探索和研究,主要包括环境噪声指标和身心健康指标两个研究方向。每个研究方向的具体研究内容和关注点见表1-1。

表1-1　环境噪声对儿童负面影响的研究总结

研究方向	研究内容	关注点
环境噪声指标	声源	道路交通噪声、飞机噪声、白噪声、低频噪声等
	声压级	L_{day}、L_{night}、L_{dn}、L_{Amax} 等
	其他	语言清晰度、超阈值噪声事件数等
身心健康指标	心理健康	烦恼感[++]、幸福感[+]、焦虑和抑郁[0]等
	生理健康	内分泌(如儿茶酚胺[++]、唾液皮质醇[0])、血压[+]、听力损失[+]等
	认知能力	记忆力[++]、注意力[++]、阅读理解[++]、计算能力[++]等
	行为影响	多动症[+]等
	睡眠影响	睡眠质量[+]

注:"0"代表目前没有研究证据;"+"代表目前已有部分研究证据;"++"代表目前已有大量研究证据。

资料来源:作者根据参考文献[19]绘制。

目前,人们对儿童生活环境的噪声指标已经进行了大量研究。

其中,噪声类型是研究的关注点,以往大量研究集中在交通噪声上,表明其对儿童身心健康具有显著的负面影响[20,21]。20世纪以来,除了广泛存在的道路交通噪声,飞机噪声也成为该领域新的研究热点[22,23]。此外,以空调噪声为代表的白噪声和低频噪声也是近年来比较热门的研究内容[24,25]。除了环境噪声声源类型,噪声声压级等声学指标对儿童的影响也被广泛研究。例如,笔者所在的天津大学建筑学院马蕙教授团队以交通噪声、空调噪声和白噪声为实验噪声类型,以35~65 dB(A)[每5 dB(A)一个步长]为声压级,对环境噪声对儿童的影响进行了系统的研究。结果发现,对于同一噪声类型,其声压级越大,儿童的主观烦恼度就会越高。当声压级在45~50 dB(A)范围时,儿童开始出现烦恼感[26]。除了声压级,研究者们还探究了其他噪声声学指标对儿童身心健康的影响。例如,近年来欧洲声学与环境心理学领域的众多学者共同发起一项 NORAH(Noise Related Annoyance, Cognition, and Health)计划,其中一项分支研究表明,超阈值噪声事件数(Number Above Thresholds, NAT)会对儿童的读写能力产生显著影响[27]。

环境噪声对儿童身心健康的影响研究主要集中在心理、生理、认知、行为及睡眠等几个方面的指标上[19]。其中,大部分研究关注环境噪声对儿童主观烦恼感的影响。例如,德国学者 Babisch 等人(2012年)的一项调查发现,7.3%的8~10岁儿童对交通噪声感到烦恼,而16.4%的11~14岁儿童对交通噪声感到烦恼。这意味着儿童对噪声的烦恼感可能会随着年龄的增加而增加[28]。此外,部分研究证明了环境噪声对儿童的生理健康也有负面影响。例如,2017年,Dzhambov 等对道路交通噪声和儿童血压水平的相关研究进行了荟萃分析,结果表明,交通噪声确实能够在一定程度上造成儿童血压升高,但是这种关系并不显著[20]。对于儿童的认知能力,大量研究证实了环境噪声的负面作用,其中认知能力主要通过注意力、记忆力、计算能力和阅读理解能力等指标来测定。例如,2005年,Stansfeld 等人通过横断面研究调查了飞机噪声和道路交通噪声对儿童认知能力的影响,结果表明,噪声会显著损害儿童的阅读理解能力[29]。另外,国内外关于环境噪声对儿童行为及睡眠影响的研究非常有限,尽管少量研究发现噪声与儿童的行为和睡眠质量有相关性,但是仍然需要进一步的研究和验证。例如,2013 年,德国学者 Tiesler 等人调查了家中道路交通噪声对儿童行为及睡眠的影响,结果表明,外墙处测量的夜间道路噪声暴露量与儿童多动症和睡眠障碍有关,但是这一研究结果还需要进一步的纵向研究或者实验研究来进行验证[30]。

2. 声环境对儿童的积极影响

如前所述,目前为止大量研究都集中关注声环境对儿童的消极影响,但是对于流水声、鸟叫声等良好的声景对儿童是否具有积极影响却缺乏相关的探索。其中,英国学者 Lubman 等(2002 年)提出,教室和游乐场所的整体声景会影响儿童的行为和学习。同时提出,在教室内部,可以通过对房间表面进行大量的吸声处理来降低房间混响,进而降低房间内噪声水平,使儿童能够感知并享受安静的教室环境,以此减少高水平噪声对行为、学习和教学的影响;而在户外游乐场所,则建议使用自然的户外声景来促进学习,有利于儿童的社交[31]。这是为数不多的提及儿童声环境的积极影响的研究。

目前有极少数学者关注教室中的整体"声景"对儿童的影响[32],但是这里的"声景"研究仍然致力于探究如何通过降噪来减少噪声对儿童的消极影响,没有考虑从积极主动的角度去探究是否可以通过添加"声景"来弥补噪声所带来的消极影响。

3. 研究评述

基于上述关于儿童声环境研究现状的综述,我们可以发现,目前对儿童声环境的负面影响已经进行了非常广泛的社会调查和实证研究。尽管研究结果表明,交通噪声、飞机噪声等环境噪声对儿童的确有显著的不利影响,但是通过被动的降噪措施所带来的积极作用是十分有限的。添加良好的声景对儿童是否有更加积极的影响?关于这个问题的研究目前几乎是空白。

1.3.2　恢复性环境研究现状

恢复性环境这一概念自提出以来,主要形成了两大理论体系:一是环境心理学领域的研究学者 Kaplan 夫妇 1989 年提出的注意恢复理论(Attention Restorative Theory, ART)[33],二是康复建筑领域学者 Ulrich 提出的压力缓解理论(Stress Reduction Theory, SRT)[34]。

基于上述两大理论,恢复性环境的研究近三十年来取得了一系列进展。在恢复性环境概念提出的初期,环境心理学领域的大量研究已经证实了自然环境比城市环境具有更好的恢复性[35-37]。后来,公共健康领域将研究焦点逐渐转移到自然环境对健康的恢复性效益上,并将恢复性效益从心理和认知层面拓展到生理健康层面。近年来,由于其多学科交叉融合的特点,相关研究逐步拓展到城市规划、景观设计等领域,开始重点关注恢复性环境元素的探索,即什么样的城市环境空间和元素对居民健康具有恢复性作用[38]。总体来说,恢复性环境的研究领域主要涉及三个方面:恢复性环境的研究主体、恢复性环境的研究客体、恢复性环境的影响因素。

1. 恢复性环境的研究主体

恢复性环境的研究主体是指挖掘对居民健康有潜在恢复性作用的环境类型和环境元素。

这一领域早期主要集中于对自然环境与人工环境的恢复性潜力的对比研究上,通过比较验证了与人工环境相比,自然环境对人们具有更好的恢复性效应[39-42]。例如,瑞典学者Hartig(2003年)将112位年轻人随机分为两组,通过漫步的方式分别体验自然环境和城市环境,结果表明,自然环境中被试的注意力有所提高、血压降低、愤怒情绪减少,而在城市环境中恰恰相反[35]。与此同时,一些研究也表明,人工环境如果经过合理规划和优化设计,同样可以满足城市居民对恢复性的需求。例如,荷兰学者Karmanov(2008年)在实验室环境下比较了一段荷兰自然田园影片和一段阿姆斯特丹东港区城市影片对人们的恢复性作用。结果表明,东港区作为一个良好设计的具有吸引力的城市环境,与自然的田园环境相比,在压力缓解和情绪优化方面具有几乎相同程度的恢复性作用[37]。

现代城市环境作为人们的主要生活场所,其健康效应近年来得到越来越多的关注[43]。城市中哪些环境类型和环境元素对居民健康具有恢复性作用逐渐成为该领域的研究热点。对于城市中的环境类型,大量研究集中在具有自然特性的公园[44]、街道[45]、绿地[46]、校园[47]等公共空间。例如,美国学者Chawla等人(2014年)以绿色校园为目标,通过观察和访谈的形式调查了小学生在校园林地玩耍、中学生在自然栖息地进行科学和写作课程、高中生参加园艺活动这三种校园活动情况。结果表明,这三种绿色校园活动能够有效地促进学生摆脱压力和集中注意力[48]。此外,学者们近年来将研究目标逐渐转向更加多元化的城市环境类型,如城市公共开放空间[49]、博物馆[50]、古迹遗址[51]、墓地[52,53]等,这些历史文化场所也被证明具有一定的恢复性潜力。研究者们还深入挖掘了这些城市环境中具有恢复性的环境元素,流水、树木、生物等自然元素是恢复性环境研究领域的关注点[48,54,55]。例如,英国学者 White 等人(2010 年)通过对120 张自然和城市的环境照片进行恢复性评价,发现无论是自然环境还是城市环境,包含水景元素的照片都具有更高的恢复性[56]。Wood 等人(2018 年)以英国布拉德福德内城区的 12 个城市公园作为调查地点,对影响恢复性的公园场地因素进行了探索,结果表明,生物种类是主要的恢复性环境因素[57]。

此外,许多研究表明,人体对空间环境的感知是多维度的,因此从声音、气味、皮肤感知等途径的研究将会为城市设计提供新的角度和思路[58,59]。以往的研究主要集中在视觉体验方面,而近年来越来越多的研究从单一视觉体验转向多维度的交互感知[60]。例如,瑞典学者 Hedblom 等人(2019 年)比较了城市绿地中的视觉刺激(城市、森林、公园的全景图片)、嗅觉刺激(自然气味和城市气味)和听觉刺激(鸟叫声和噪声)对生理压力(皮肤导电性)的影响,结果表明,嗅觉刺激和听觉刺激都与压力减少有显著的相关性,但视觉刺激没有显著相关性[58]。国内学者也从多维感知的角度对恢复性环境进行了初步研究。例如,郭庭鸿等人以"自然减压"为着眼点,通过对实证研究的进展进行总结分析,得出了视听一致性对于减压具有显著作用[61]。类似的,哈尔滨工业大学朱晓玥等人也以压力恢复为出发点,对已有研究进行了综述,指出具有压力恢复作用的视觉因素包括围合度、植物覆盖率、绿化率等特征,听觉角度包括声压级、声喜好等特征,但是目前的研究仍处于初步探索阶段[62]。因此,当前的城市绿色空间不应只考虑视觉和听觉因素,而应该考虑多种感知维度的综合影响。目前,尽管在室外真实环境中进行实验的研究较少,但其所提供的整体环境感知是实验室研究所不能比拟的,因此仍然是未来重要的研究方向。

2. 恢复性环境的研究客体

恢复性环境的效应客体主要探寻恢复性环境对不同人群的生理

健康或心理健康的影响程度,换言之,就是明确到底环境对个体哪些方面能够起到恢复作用。相关研究主要涉及健康指标和目标人群两个方面。

首先,恢复性环境对个体的哪些健康指标有积极的恢复甚至是提高作用是该领域的研究重点。事实上,由于人类健康的复杂性,这个问题至今没有统一的结论,各个研究的目的不同,因此采用的健康指标也不同,涉及面很广。概括而言,目前的研究主要集中于恢复性环境对居民心理、认知、生理、情绪这四个方面的影响[63]。

在心理恢复方面,主要采用主观问卷评价的方法。最初,Hartig等人(1996 年)以注意恢复理论为基础制定了"感知恢复量表"(Perceived Restorative Scale, PRS)[64],该量表的维度划分和注意恢复理论一致,包括 4 个维度共 16 个项目,要求被试在七级言语量表上对各个项目进行评分。PRS 是第一份恢复性环境测量问卷,其后被该领域的后续研究广泛使用。此外,PRS 还被很多学者根据不同的研究目的进行了改进和修订。1997 年,Hartig 等人将 PRS 的项目从 16 个增为 26 个[65]。2001 年,Laumann 等人将 PRS 的 4 个维度进一步细化为 5 个维度,包含 22 个项目[66]。Herzog 等(2003 年)认为上述量表需要评定的项目过多,因此对原有 PRS 进行了简化,每个维度下都只有一个项目,该量表被称为"恢复成分量表"(Restorative Components Scale, RCS)[67]。上述量表都是基于 Kaplan 的注意恢复理论,而我国台湾学者 Han 同时融合了注意恢复和压力缓解两大理论,于 2003 年制定了"自评恢复量表"(Self-Rating Restoration Scale, SRRS)[68]。该量表是一个九级言语量表,包括 4 个维度和 8 个项目,清晰地要求被试从情绪、生理、认知、行为四个方面对恢复性体验进行评价。因此,这一量表是对恢复性主观评价问卷的进一步发展和完善,近年来得到越来越广泛的使用。2004 年,Bagot 在 RCS 和 PRS 的基础上编制了"儿童知觉恢复成分量表"(Perceived Restorative Components Scale for Children, PRCS-C)[69],要求儿童在五级尺度量表上进行评定,包括 5 个维度和 15 个项目。该量表从儿童日常生活场所出发,语言表述更加具象,因此更适合儿童群体进行评价。

在认知恢复方面,意大利学者 Berto(2005 年)进行了实验研究。他首先让被试进行持续注意力测试(Sustained Attention to Response

Test,SART),以诱导被试的注意力进入疲倦状态,然后将被试随机分为三组,分别观看恢复性环境图片、非恢复性环境图片和几何图案图片,最后再次进行持续注意力测试。结果证明,只有观看恢复性环境图片的被试的持续注意力有显著提高[70]。美国学者 Berman (2012 年)则采用了现场实验的方法,以重度抑郁症(MDD)患者为研究对象进行了验证。每个被试都参与了两次现场实验,分别在自然环境和城市环境中步行 50 min。步行前后分别测试了被试的倒背数字广度(Backwards Digit Span,BDS),结果表明,相对于城市环境,在自然环境中步行后被试的记忆广度显著增加[71]。此外,注意网络测验(Attention Network Test,ANT)[72]、内克尔立方体任务(Necker Cube Pattern Control Task,NCPCT)[35]、符号数字模态测试(Symbol Digit Modalities Test,SDMT)[73]等都是常用来测试注意力恢复的实验范式。

在生理恢复方面,目前的研究主要涉及心电图(ECG)[74]、脑电图(EEG)[75]、肌电图(EMG)[76]、皮肤导电性(EDA)[77]、内分泌[78]等生理反应指标。例如,通过心电指标,Lee 等人(2014 年)研究了森林疗法对年轻人心血管反应的恢复性作用。结果证明,与城市步行相比,森林步行显著增加了被试的 ln(HF)水平,降低了 ln(LF/HF)和心率水平,这意味着在森林环境中步行可以通过促进副交感神经系统和抑制交感神经系统来促进心血管放松,以达到压力缓解的恢复性作用[79]。通过脑电、肌电和血容量脉冲三项指标,我国台湾学者 Chang 等人(2008 年)验证了荒野环境对于个体生理健康的恢复性作用[75]。通过唾液皮质醇(Salivary cortisol)这一内分泌指标,芬兰学者 Tyrväinen 等(2014 年)证明了与人工环境相比,即使是对自然环境的短期体验也会对缓解压力产生显著的积极影响[46]。通过皮肤导电性和心率变异性(HRV)指标,Anderson 等人(2017年)验证了乡村场景和滨海场景能够显著降低被试的压力水平,而室内场景则没有显著效果[77]。

对于情绪恢复的测量主要采用问卷评价的方式,常用问卷包括正负情绪量表[80]、情绪状态量表[81]、焦虑自评量表[82]等。值得注意的是,环境心理学上复杂的情绪通常包括两个维度,一个是情绪效价(Valence),表征情绪状态的偏好;另一个是情绪唤醒度(Arousal),

表征情绪兴奋的程度。研究表明,二维度的情绪测量模型比正负情绪测量方法更加全面而有效[83]。在恢复性环境的研究领域中,主观问卷评价通常用来测量情绪效价,而上述生理指标如心率和皮肤电等则通常用来测量情绪唤醒度[84]。

对于心理、认知、生理和情绪四方面的恢复性实验研究通常采用前后重复测量的实验设计模式,即首先给被试增加压力和疲劳,然后将被试置于需要验证的恢复性环境下,通过前后对比来验证环境的恢复性作用。一系列研究结果表明,恢复性环境对人们的心理、情绪和认知三个方面具有显著的恢复性效应,但是对于部分认知指标和生理健康的影响仍然需要进一步的验证[85]。

除了健康指标的研究,恢复性环境对哪些城市居民群体具有显著的恢复效果同样值得关注。一些研究表明,与普通群体相比,恢复性环境对病人[86]、女性[87]、儿童[88]、老年人[89]等在日常生活中承受较大压力和容易身心疲劳的群体的恢复性效果可能更好。例如,荷兰学者 Zijlstra 等(2017 年)以医院患者为研究对象,通过实验验证了在 CT 影像检查中,播放自然环境的投影可以有效地降低患者的心率和血压,减少患者在 CT 扫描过程中的紧张和焦虑情绪[82]。Taylor 和 Kuo(2009 年)以注意缺陷多动障碍(Attention Deficit Hyperactivity Disorder,ADHD)儿童为研究对象,比较了在公园、市区和邻里三种环境中散步对注意力的影响,结果表明,在公园中散步 30 min 可以有效地提高注意缺陷多动障碍儿童的注意力[90]。美国学者 Browning 等人(2019 年)以抑郁症老人为研究对象,对美国 9 186 个养老院进行了调查,结果表明,树木覆盖率越高的养老院,患抑郁症的老人比例越小[89]。综上所述,对弱势群体的基本关怀是建设当代宜居城市的重要指标,因此,针对特殊群体的恢复性研究也必将会是未来的研究热点。

3. 恢复性环境的影响因素

恢复性环境的影响因素主要集中在两个方面:物质环境因素和社会人口因素。

首先,物质环境因素指恢复性环境的客观环境特征,这是决定环境恢复性与否的根本因素。例如,基于 52 位大学生对公园照片的恢复性评价,Nordh 等人(2009 年)发现,公园面积和植被密度是影响公园恢复性感受最重要的环境因素[44]。为了探究具有恢复性的、设计良好的街道景观具有什么样的物理特征，Lindal 和 Hartig（2013年）通过 Sketchup 建模作为实验刺激，对 145 个计算机生成的住宅街道景观进行了恢复性评价。研究结果表明，建筑元素多样性与恢复性成正比，而建筑高度与恢复性成反比[91]。此外，生物多样性[92]、安静度[93]等也是影响环境恢复性的空间元素和空间特征。因此，良好的景观规划和建筑设计方法是提高城市环境恢复性效果的重要途径。

其次，社会人口因素包括性别、年龄、文化背景等个体自身因素，以及地方依恋度、偏好、地方记忆、熟悉度等个体与环境的关系因素[94]。相关研究表明，社会人口因素会极大地影响城市环境的恢复性效果，在恢复性效应过程中起到重要的调节作用[95]。2008 年，芬兰学者 Korpela 等人通过邮寄问卷的形式在赫尔辛基和坦佩雷两个城市对人们"喜欢的地方"进行了调查，问卷包括 10 个影响人们恢复性体验的决定因素，包括访问时间和频率、个人背景（如自然倾向、童年经历等）、工作情况和社会关系等，结果表明，不同的个体因素与不同环境的恢复性体验有关联[96]。他们于 2017 年再次对芬兰的 234 名受访者进行了调查，结果表明，场所的恢复性与受访者的个体记忆和时间记忆有关，其中场所依恋作为中介因素[97]。我国重庆交通大学郭庭鸿通过城市游园研究案例分析了其健康效益的调节因素，结果显示，游园使用具有一定的情绪健康改善作用，但此过程受到使用者年龄、教育程度、收入水平、家庭结构及游园使用距离等因素的调节[98]。因此，针对具有不同特征的目标人群，应采用不同的城市空间设计方法。例如，对于噪声敏感度较高的群体，控制噪声水平能够有效地提高恢复性效果，是改善城市空间环境的重点。这一研究领域目前主要是跨学科研究，各个学科的侧重点不同且相互交叉，导致目前的研究体系比较松散和缺乏。

4. 研究评述

通过上述国内外研究现状综述可以发现，恢复性环境已经成为当今多个学科领域的研究热点，得到越来越多研究者的关注。目前的研究已经涵盖了理论、方法、调查和实证等各个方面，并取得了一系列研究成果。虽然恢复性环境对个体的积极作用这一观点已经得到广泛认可,但是目前的研究仍然存在以下问题和不足。

(1)在研究主体上,目前的研究仍然主要集中在环境的视觉方面,或者是整体环境的比较方面,缺少对听觉等其他感知方面的研究。

(2)在研究客体上,目前的研究主要以成年人为研究对象,对于老人、儿童等弱势群体的研究十分缺乏。

(3)对于影响机制研究不足。恢复性环境中的要素为什么会影响个体的身心健康? 这一过程又会受到哪些因素的调节和影响? 这些问题的存在导致当前的恢复性研究难以继续深入,这也是目前的研究成果不能被有效地用于指导设计实践的主要原因。

1.3.3　声景的恢复性研究

1. 国外研究综述

声景的概念最初由加拿大作曲家、科学家谢弗(Schafer)教授于20 世纪60 年代末70 年代初提出[99]。与环境噪声不同,声景被广泛证明对群体有潜在的积极作用[14]。然而,以往研究主要集中在个体对声景的感知评价上[100-103]。近年来,随着城市公共健康问题的日益严峻,越来越多的学者开始关注声景对健康的积极影响[104]。其中,少数学者开始从恢复性的角度考虑声景与健康的关系,但是目前仍然属于初步探索阶段,相关研究非常有限。总体而言,目前国外关于声景的恢复性研究可以大致分为两:第一类是探索声景恢复性潜能的主观评价研究;第二类是验证声景恢复性效应的实证研究。

(1)主观评价研究。

在过去的几十年中,全球研究机构和国际卫生组织已对环境噪声对个体健康的不利影响进行了广泛的调查[105]。为了应对环境噪声带来的公共卫生问题,欧洲的一些城市做出了很多努力来减少环境噪声的暴露,降低噪声水平[106]。2002 年,欧盟颁布的环境噪声指令(Environmental Noise Directive)中明确规定了欧盟各国要采取措施保护"安静区域"(Quiet Area,QA)[107]。因此,近年来涌现出大量研究"安静区域"的文献,其中一部分聚焦于"安静区域"对居民健康的积极影响,显示出其具有恢复性潜能。例如,瑞典哥德堡大学Gidlöf-Gunnarsson 等(2010 年)通过一项社会调查发现,与声压级较高的庭院相比,声压级较低的安静庭院能够提供一个具有吸引力的恢复性环境,使居民得到休息、放松、娱乐,并促进人际交往[108]。英国学者 Payne 和 Bruce(2019 年)对城市中的三个安静场所(一个城市花园、一个城市公园和一个城市广场)进行了社会调查,结果显示,这些场所都能给受访者带来良好的恢复性体验[109]。

虽然减少城市的环境噪声可以带来经济和社会效益,但是研究表明,单纯地通过降低噪声水平来营造"安静区域",对于健康的效益是十分有限的[110]。新兴研究指出,作为物理环境的重要组成部分,添加一些令人愉悦的声景可能对人们的福祉和健康具有更大的益处。例如,西班牙学者 Herranz-Pascual 等(2019 年)在西班牙维多利亚的四个公共场所进行了调查,结果显示,除了安静,创造愉悦、平缓、有趣和自然的声景有助于进一步改善情绪和减轻压力[111]。Benfield 等人(2014 年)在实验室条件下,利用情绪自评量表比较了声景暴露前后个体情绪状态的变化,结果表明,自然声景与人工声景相比能够更加有效地促进情绪的恢复[112]。Mackrill 等(2014 年)在医院病房场景下探究了自然声、稳态声和复合背景声对患者主观情绪和认知的恢复性作用,结果表明,三种声音都能够有效地促进放松感,其中自然声的恢复性作用最大,其次是复合背景声。但是这三种声音在主观认知的恢复性评价上并没有显著差异[113]。

另外,研究者们针对鸟叫声进行了一系列研究。其中最具代表性的是英国学者 Ratcliffe,她首先在一项半结构化访谈的研究(2013 年)中发现,鸟叫声与主观感知的压力缓解和注意恢复有关[114]。然后,她通过发放网络问卷的方法进一步探讨了不同鸟叫声的恢复性机制(2018 年),认为鸟叫声能够有效地引发无意注意,从而使有意注意得到恢复,缓解个体的认知疲劳[115]。类似地,Hedblom(2014 年)招募了 227 名年轻人,研究他们对各种鸟叫声组合的主观反应。结果表明,多种鸟叫声组合的声景比单一鸟叫声的恢复性评价更高[116]。

此外,个体对声景的恢复性感知还会受到声景特征、场景和个体因素的影响。例如,英国学者 Payne 等人对若干城市安静场所的声景恢复性进行了问卷调查,并同时测量了调查地点的声压级。结果发现,声景的感知恢复性与声音类型和个体的场所体验有关[109]。

此外,Lercher 和 Van Kamp 等人(2015 年)还通过社会调查探索了个体社会因素对声景恢复性的影响。结果表明,性别、年龄、受教育程度、个人偏好、童年回忆等社会因素均会对声景的恢复性体验产生显著的影响[117]。

(2)实证研究。

在最新的研究中,越来越多的实验证据也支持声景暴露带来的恢复性效应[118]。具体而言,实证研究主要包括基于注意恢复理论的认知研究和基于压力缓解理论的生理研究。

在认知恢复方面,Gould Van Praag 等(2017 年)比较了对反应时间的恢复性作用,实验结果证明,自然声的恢复性作用显著高于人工声[119]。Zhang(2017 年)在真实的城市场景中比较了自然声、交通声、机械声对注意力的恢复性作用,结果表明,所有的户外声景都对注意力有显著的恢复性作用,但自然声的恢复性作用更好[120]。然而,还有一些研究结果证明,自然声对认知能力并没有显著的恢复性作用。例如,Jahncke 等(2011 年)在模拟开放办公环境下,比较了环境噪声、河流声、包含河流声的自然视频,结果表明,三种实验刺激下被试的认知能力都没有显著恢复[121]。同样,Emfield 等(2014 年)通过视听结合的方式比较了城市声景和自然声景对注意力的影响,但结果表明,两者都对注意力没有显著的恢复性作用[122]。

在生理恢复方面,新西兰学者 Medvedev 等人(2015 年)进行了一项实验室研究,以鸟叫声、海浪声、施工声和交通噪声为实验音,测量其对被试心电和皮肤电两项生理指标的影响,同时对恢复性声景进行了主观评价。实验结果表明,声景的恢复性作用与事件性和熟悉感等主观评价显著相关,而且愉悦度高的声景对生理指标具有更好的恢复性[123]。然而,与注意恢复的验证研究结果类似,压力缓解的实验研究在不同的生理指标恢复上存在差异:尽管某些生理指标在暴露于声景后显示出明显的恢复,但其他指标则完全没有影响。最明确的证据来自于瑞典学者 Alvarsson 等人在 2010 年进行的一项实验研究,研究比较了自然声、较高交通噪声、较低交通噪声和庭院环境噪声对皮肤传导水平(SCL)和高频心率变异性(HFHRV)的恢复性作用。结果发现,与交通噪声相比,自然声能够更快地降低皮肤传导水平,因此具有更好的恢复性,但他们未能揭示出自然声对高频心率变异性恢复的影响[124]。在另一项研究中，Hume 等（2013 年）测量了人们对 18 种声音刺激的生理反应，结果表明，对于所有的声音刺激，被试的心率（HR）都会显著降低，但是声音之间没有显著性差异。此外，声音体验对于呼吸率和肌电都没有显著的影响[125]。2019 年，瑞典学者 Hedblom 等同样使用皮肤传导水平作为压力水平的衡量指标，比较了鸟叫声和交通噪声的恢复性作用，但是结果并没有发现鸟叫声可以促进压力恢复的有效证据[126]。

综上可见，对于声景对注意恢复和压力缓解的实证研究，结果并不统一：少数研究表明声景暴露后认知能力和生理健康的确有显著的恢复，而其他研究则表明恢复性声景对一些认知和生理指标没有影响。因此，目前仍然需要更多基于证据的研究，以验证声景暴露是否可以真正实现注意恢复和压力缓解。

2. 国内相关研究

近年来，国内学者也逐渐意识到声景对个体健康的重要性，因此开始了一些相关探索。目前笔者所在的天津大学建筑学院马蕙老师团队，是国内较早关注声景恢复性的团队之一。我们以开敞办公空间为模拟场景，通过实验室实验来验证令人愉悦的声音元素是否具有恢复性作用。具体而言，研究以生理反应、主观评价和认知能力为测量指标，分别验证了在不同声音类型、不同声音序列及不同视听条件下的恢复性作用。结果表明，首先，令人愉悦的声音可以显著缓解疲劳感和烦恼感，而背景噪声和安静环境则能显著提高认知能力，但对生理指标都没有显著影响；其次，不同声音序列的恢复性并没有显著差异；最后，当声音和视觉场景和谐匹配时，对于个体的恢复性作用最好，而且声音元素比视觉元素的恢复性效果更好[127]。

哈尔滨工业大学的张圆以高密度城市沈阳为空间样本，首先利用问卷调查和实地访谈方式对高密度城市公共开放空间环境恢复性现状进行了调查，然后通过实验室和现场两种声景实验，测量了个体对于声景的主观感受及客观的生理反应和注意力反应，以此探究城市公共开放空间声景对个体的恢复性作用规律。研究结果表明，在生理反应方面，自然声趋于降低个体的皮肤电水平，而机械声趋于提高个体的皮肤电水平，但是这些变化都不显著。在注意力方面，自然声比交通声和割草机声具有更好的恢复性[128]。

另外,我国国家政策也开始关注声环境对健康的影响。《健康建筑评价标准》第 6.2.8 条针对声景设计进行了规范要求,提出应将室外的声景元素作为一项积极的资源融合到健康建筑的环境营造中[129]。这一条款指出,流水声和鸟叫声等环境声音尽管从声压级上讲可能接近或超过了场地环境噪声的限值,但是它们可以促进居民愉悦心情、放松压力,因此是创建健康建筑的有效环境因素。健康的声景设计需要综合考虑环境声音类型、所处场景特征和个体的主观感知,设计的目标不仅要减少城市噪声,而且要创造和添加愉悦的自然声,从而实现声环境的平衡与协调。

总体来说,尽管越来越多的学者认识到了声景对健康的重要性,但国内对于声景与健康的研究还处于起步阶段,仍然缺少对这个研究方向的整体把握,对于相应的研究方法也还处于探索阶段。

3. 研究评述

恢复性声景研究结合了恢复性环境与声景两方面的理论,近年来引起越来越多的关注。目前的研究仍然存在以下问题和不足。

(1)缺少对特殊群体的恢复性声景研究。目前恢复性声景的研究稀少,而且主要针对成人,关于儿童、老人等特殊群体的研究还处于空白阶段。

(2)缺少对恢复性声景的系统性研究。声景元素是城市空间环境不可或缺的一部分,对个体的心理、认知、生理、情绪等方面都具有潜在的恢复性作用。环境心理学领域针对各个恢复维度已经形成了较为完整的研究方法,然而针对恢复性声景,还尚未有人对各个恢复性维度进行系统的研究。

(3)实证研究存在不确定性。通过上述研究综述可以发现,尽管一些研究表明了声景的潜在恢复效果,但声景对个体认知能力和生理健康的恢复作用都尚未得到实证研究的有力支持。

1.4 研究内容与方法

1.4.1 研究内容

本书的研究内容主要分为以下七个部分。

一是陈述研究的背景、目的和意义,并对国内外关于恢复性环境、声景与健康,以及儿童所处声环境的研究现状进行分析和总结,找出目前研究中的问题与不足,相应地提出本课题的研究思路、研究方法和研究创新点。

二是对相关的理论基础进行归纳分析,包括恢复性理论、声景学理论和学龄儿童的相关特征。然后,将相关理论进一步应用到本课题的研究中,确定相应的概念、范畴和方法,构建起基于学龄儿童的恢复性声景理论框架。

三是针对学龄儿童的恢复性声环境现状进行社会调查。具体而言,通过问卷调查了解儿童对恢复性环境的需求、对目前生活环境的恢复性评价,并初步探索对学龄儿童具有潜在恢复性的声音和视觉因素。同时,对声环境进行实地测试和记录。

四是通过实验室主观评价方法探索儿童对于不同声源类型和不同信噪比的恢复性感知,一方面探究儿童感知到的声音恢复性特质,另一方面探索对儿童具有潜在恢复性的声源类型和信噪比。在此基础上,进一步探究影响儿童恢复性感知的其他声学因素和非声学因素。

五是通过实验室研究验证声景对于儿童的注意恢复作用。根据恢复性环境理论,以潜在恢复性声源类型及信噪比作为实验音,采用前后对比的实验设计来验证它们对儿童典型认知能力的恢复性作用及影响因素。由于教室是儿童认知发展教育的主要学习场所,因此关于儿童注意恢复验证的实验在模拟教室环境中进行。

六是通过实验室研究验证声景对儿童的压力缓解作用。根据恢复性环境理论,实验音的选取与注意恢复实验相同,通过实验验证这些实验音对儿童生理和情绪压力的恢复性作用及影响因素。由于公园是儿童放松休息的主要休闲场所,因此关于儿童压力缓解验证的实验在模拟公园环境中进行。

七是在上述研究结果的基础上提出针对学龄儿童的恢复性声景设计策略。以循证设计为设计理念,逐步将研究成果应用于具体设计中,并分别针对儿童室内学习场所和室外活动场所提出建设性的恢复性声景设计策略,为儿童生活及学习场所的优化设计提供启发和思路。

1.4.2 创新点

(1)以往研究主要关注针对成人的恢复性声景感知评价,而本课题首次以学龄儿童为研究对象,明确了这一群体的身心发展特殊性,结合恢复性理论和声景学理论,构建了学龄儿童恢复性声景理论框架,探索了学龄儿童对声景的恢复性感知特征及影响因素,这不仅拓展了研究群体的多样性,而且有利于从发展的角度探讨恢复性声景的内在机制。

(2)以往关于儿童声环境的研究主要集中于"令人烦恼"的环境噪声上,而本课题首次从"恢复性"的角度出发对儿童声环境进行研究,探索了对儿童身心健康具有积极作用的声景元素。因此,研究不再局限于环境噪声对儿童的消极影响,而是从优化促进的角度研究了对儿童具有积极作用的声环境,为创设有利于儿童身心健康的声环境提供了理论基础。

(3)以往的恢复性研究更多的是以研究单一类型指标(如认知、生理)的恢复性作用为主,缺乏对多指标的综合比较,而且研究结果存在不确定性。本课题综合考虑了注意恢复与压力缓解的多类指标,验证了各类指标的有效性,对比了不同指标的恢复性效果,研究结果可以为未来恢复性声景研究提供思路和启发。

1.4.3 研究框架

本书研究框架如图 1-1 所示。

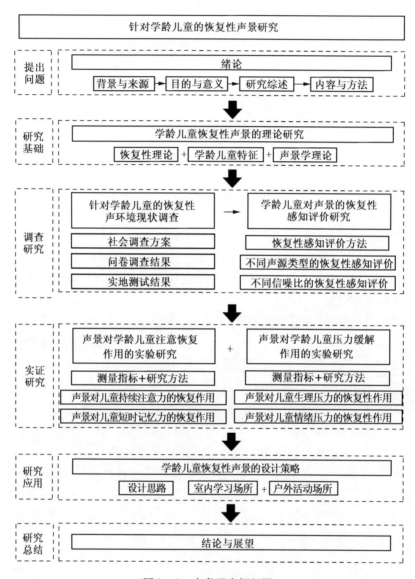

图 1-1   本书研究框架图

1.4.4   研究方法

拟研究课题是以实验室研究为主、社会调查为辅的基础性研究，具体的研究方法如下。

（1）文献分析与归纳演绎。

文献研究包括对儿童声环境、恢复性环境和声景恢复性三方面的文献分析与总结。根据文献研究的结果，对相关学术理论进行归纳演绎，同时基于学龄儿童的身心发展特征，确定后续的研究内容和研究方法，构建针对学龄儿童恢复性声景研究的理论模型。

（2）社会调查。

社会调查包括问卷调查和实地测试。通过问卷调查的方式，了解目前学龄儿童对恢复性环境的需求、生活环境的恢复性现状，并探索具有潜在恢复性的声音，为后续的分析研究提供基础数据资源。在问卷调查的同时，进行现场声学测量，包括声事件的记录和声压级的物理测量。

（3）实验室研究。

实验室研究的目的是对社会调查的结果进行分析和阐释，并做进一步的实验验证。本课题大部分的实验是在半消声室中进行的。首先进行实验室主观评价，探索学龄儿童对不同声源类型和信噪比的恢复性感知评价，然后进行实验室客观验证，包括对声景在注意恢复和压力缓解两方面的效果验证。

（4）循证设计法。

这一研究方法来源于循证医学，是在循证医学和环境心理学基础上诞生的一种设计方法。通过这种方法，可以将实验室研究的成果有效地应用于恢复性声景的设计策略中。

第2章 学龄儿童恢复性声景的理论研究

目前针对儿童群体的恢复性声景研究在理论上几乎是空白,因此在进行详细的研究之前,有必要进行基础的理论研究。顾名思义,该课题涉及"学龄儿童""恢复性""声景"三个理论方面:恢复性理论是研究角度,为课题提供研究思路和研究方法;学龄儿童是研究对象,其身心发展特征是一切思路与方法的基础;声景是主要的研究内容,也是研究的核心。因此,本章将对以上三个方面的理论研究进行阐述和分析,并落脚于本课题的具体研究中,为后续开展调查和实验奠定理论基础。

本章通过理论研究致力于解决以下三个问题。

(1)恢复性理论的研究思路和研究方法是怎样的?

(2)为什么关注学龄儿童?其特殊性体现在哪里?

(3)本课题主要关注声景的哪些方面?

2.1 恢复性理论研究

"恢复性环境"(Restorative environment)也被译为"修复性环境""复愈性环境",这一概念最早在环境心理学研究领域提出。Hartig明确地阐述了"恢复"的定义,指出"恢复"是指重新获得在适应环境过程中被消耗的生理、心理和社会能力;"恢复性环境"则指能使人们更好地从心理疲劳和压力状态中恢复过来的环境,尤其指自然环境[9]。值得注意的是,这个过程的前提是个体处于"消耗"状态,强调个体身心从负面状态向自然状态的回归过程。

恢复性环境这一概念自提出以来,主要形成了两大理论:一是环境心理学领域的研究学者 Kaplan 夫妇 1989 年提出的注意恢复理论

（Attention Restoration Theory，ART），主要从"注意恢复"的角度阐释了自然环境对缓解认知疲劳等方面的作用及机理[33]；二是康复建筑领域学者 Ulrich 于 1991 年提出的压力缓解理论（Stress Reduction Theory，SRT），也被称为心理进化理论（Psycho-evolutionary Theory），强调自然环境对人们精神压力和疾病的治疗与康复作用[34]。

2.1.1　注意恢复理论

注意恢复理论的基础是 James 提出的心理学概念"有意注意"（Voluntary attention）和"无意注意"（Involuntary attentian）[130]。其中，"有意注意"又被 Kaplan 称为"定向注意"（Directed attention）。注意恢复理论认为，个体的定向注意能力取决于中央神经系统的抑制能力。在现代生活和工作中，人们为了保持专注于一些本身并不有趣的事情，就必须主动抑制自己对更有趣的事情的关注，从而更有效率地进行日常生活和工作。然而，这种抑制能力的长时间使用，会导致定向注意能力的减弱和疲劳。Kaplan 指出，定向注意疲劳会导致各种负面影响，如容易烦躁、社会交往意识薄弱、自我控制能力失调、工作效率下降等，会对人们的日常生活与工作产生很大影响。

为了让"定向注意"得以恢复，可以采取一些措施，如睡眠、冥想等。注意恢复理论提出了第三种方法，即通过唤醒个体的"无意注意"，从而使"定向注意"得以休息和恢复。某件事我们并没有打算注意它，但它却吸引住我们，迫使我们不得不去注意它，这就是"无意注意"。研究表明，"无意注意"和"有意注意"的神经调节机制不同：无意注意更多的是由后顶叶皮层神经元驱动，而有意注意则更多的是由前额叶皮层神经元驱动[131]。因此，无意注意是一种自下而上的注意能力。确切地说，它主要取决于当前刺激的特点，而不需要个体付出努力去自主控制，因此也不容易疲劳。

那么，环境元素具备什么样的特点才会引起我们的"无意注意"，从而使"有意注意"得以恢复呢？ Kaplan 夫妇归纳总结了恢复性环境的四个特征[132]，如下所述。

1. 迷人（Fascination）

迷人是恢复性环境最主要的特征，指当环境元素很吸引人时，无意注意就会起到主要作用,个体不再需要主动地集中注意力,抑制分散的努力可以放松,从而使有意注意能力得以恢复。Kaplan 特别强调,"迷人"可以分为"硬迷人"(Hard fascination,如观看赛车)和"软迷人"(Soft fascination,如在自然环境中步行),而恢复性环境的特征是"软迷人"的。与"硬迷人"相比,"软迷人"的环境不会完全占据个体的注意力,而是留下了一定自主思考的空间,使有意注意获得一个良性、可持续的恢复过程。

2. 离开(Being away)

离开是指使个体远离需要消耗有意注意力的脑力活动。离开不仅指身体上的离开,而且更强调心理上的离开。换句话说,就是避免心理内容的疲劳,从而使注意能力恢复。因此,恢复性环境可以是一个崭新的、与通常环境完全不同的环境,也可以是日常的环境,但是个体对环境有一个不同的看法。

3. 程度(Extent)

程度是指恢复性环境可以提供足够的内容和信息,让人们去观看、体验或思考,从而在一定程度上占据人们的头脑,使人们处于一个完全不同的心理状态中,让过度疲劳的集中注意得到休息。

4. 相容(Compatibility)

相容是指环境与人们的目的或兴趣相契合。换句话说,恢复性环境提供的物质环境和承载的行为活动能够很好地匹配人们想做的或者喜欢做的事情。相容是一个双向的过程:在恢复性环境中,个人的活动应该满足环境的要求,环境所能提供的信息资源也需要满足个人的需要,只有这样环境与个体才能彼此信任,形成一个良好的互动关系。

在具备以上四个特点的恢复性环境中,人们可以被新的事物所吸引,远离一些长时间占据自己大脑的纷乱思绪,并且开始关注一些新的想法或问题,心理状态焕然一新,重新看待自己所处的环境,通过反思自己的行为和目标来与环境达到一个和谐相处的状态[12]。

2.1.2 压力缓解理论

与 Kaplan"有意注意"的角度不同,Ulrich(1984 年)认为,应该从"心理进化"的角度来解释"恢复"的过程[133]。该理论认为,恢复的前提是个体处于压力状态下,在此状态下,人们会以自己的健康或幸福是否受到威胁进行判断,很快在心理和生理上产生相应的反应。生理反应表现为交感神经兴奋、腺体皮质醇激素分泌增多、血压上升、心率加快、呼吸加速等;心理反应主要指紧张、焦虑等情绪状态的应激反应。

当压力状态下的个体接触到恢复性环境时(如森林、公园等),会被自然地吸引,并迅速地以积极反应代替消极反应。这种反应首先出现在自主神经系统,并进一步作用于躯体的系统与器官,如心血管系统(心率、血压等)、内分泌系统(肾上腺素、唾液皮质醇等)、骨骼肌系统(肌电反应)等。

Ulrich 强调,个体对恢复性环境的反应首先发生在情绪上,而且情绪对环境的反应是最快速的,也是最重要的,这一过程没有认知的参与,恢复性环境对认知的影响是一个相对缓慢、长期的过程。压力缓解理论指出,对自然的亲近是人类群体在长期进化过程中形成的一种内在固有的反应和偏好,因此这一理论又被称为心理进化理论。

Kaplan 在 1995 年发表的论文《自然的恢复性效益:构建一体化框架》[132]中,针对"注意恢复"和"压力缓解"这两种理论观点的异同进行了阐述和解释。他认为,这两种观点是相辅相成的。有意注意是一种对个体非常重要的、同时也是非常脆弱的、容易被消耗的一种资源,而注意资源不足是导致压力的原因之一。反过来,个体压力的产生会对注意等认知能力产生消极影响,进一步加剧注意资源的消耗。不仅如此,注意能力消耗也经常是一个快速的过程,还可能会和压力反应同时发生。因此,目前没有明确的研究表明这两个过程的发生顺序,这两个过程是各自独立又相互影响的关系。

Kaplan 的这篇论文可以有效地解释某些重要现象:①注意疲劳和个体压力分别是如何影响信息加工过程的;②为什么一个人很享受、很擅长一件事,并且对这件事很有信心,但还是会感觉身心疲惫;③为什么疲劳和压力这两种感觉会完全不同;④为什么同样的任务在某些时候是感觉有压力的,而在另一些时候是感觉没有压力的。例如,当个体处于疲劳状态时,会觉得某一事情非常有挑战性,而当个体处于休息状态时，会觉得挑战性大大降低。又如，当人们度假回来之后，发现之前非常棘手的问题变得容易了很多。

总而言之，目前恢复性研究领域普遍认同："注意恢复"和"压力缓解"是恢复性环境的两个截然不同但又互相影响的效益，两者在人们的工作和生活中都起着至关重要的作用。

2.1.3 研究方法的确定

基于恢复性环境的两大理论，各个领域的学者们对恢复性环境进行了大量的研究，主要的研究方法可以概括为两类：主观评价法和客观验证法。因此，本课题的研究思路是，首先对大量儿童恢复性声景元素进行广泛的主观评价，以探究学龄儿童对声景的恢复性感知特征，同时探索具有潜在恢复性的声景元素；然后从注意恢复和压力缓解两个方面来对声景的实际恢复性作用进行客观的实验验证，以深入探究声景对儿童的恢复性作用规律和内在机制。

（1）恢复性的主观评价。

Kaplan 提出的"迷人－离开－程度－相容"四维度恢复性结构被广泛使用。本课题将以此为理论基础，根据学龄儿童的特征，修订相应的恢复性声景感知量表，用以探究儿童对恢复性声景的主观感知。

（2）注意恢复的实验研究。

根据注意恢复理论，有意注意在个体的各个认知功能中都扮演着重要角色。因此，本课题将采用对儿童发展具有重要作用的认知能力作为指标，探究声景对儿童注意恢复的实际作用效果。

（3）压力缓解的实验研究。

根据压力缓解理论，恢复性环境对个体压力的作用体现在生理和情绪两个方面。因此，本课题将以生理和情绪作为压力状态的测量指标，研究声景对儿童压力缓解的实际作用效果。

2.2　学龄儿童特征解析

2.2.1　学龄儿童年龄范围的确定

本课题以学龄儿童为主要研究对象,根据我国现行教育法令,7岁儿童开始入学,学龄儿童即小学阶段的学生,包括 7～12 岁儿童。

选择学龄儿童作为样本有以下两个原因:①学龄儿童由于学习任务、家庭生活、同伴关系等,开始出现注意疲劳和心理压力,因此对恢复性环境具有一定的需求[134];②学龄儿童的身心处于快速发展阶段,其思维、情绪、情感等方面面都在从幼儿园萌芽期向青少年成熟期转变的过程中,对周边物理环境(包括声环境)比成人更加敏感,更容易受到物理环境的影响,具有较大的不确定性[8]。因此,学龄期是一个至关重要的过渡阶段。

学龄儿童的身心发展特征与成人有显著不同。鉴于本课题以恢复性为研究角度,因此根据恢复性理论的两种主要观点"注意恢复"和"压力缓解",下面将对学龄儿童的注意发展特征和压力反应特征分别进行解析。

2.2.2　注意发展特征

注意恢复理论指出,个体的注意力、记忆力、思维能力等认知过程的有效执行需要"有意注意"来维持。对于学龄儿童来说,各种认知能力正处于发展期和敏感期。瑞士心理学家让·皮亚杰(Jean Piaget)提出的认知发展理论指出,认知的功能在于帮助我们适应复杂且不断变化的外部环境。因此,认知的发展也是随着对环境所做反应的不断复杂化而来的。

基于上述观点,皮亚杰提出了儿童认知发展的四个阶段:感知运动阶段(Sensorimotor stage,0～2 岁),前运算阶段(Preoperational stage,2～7 岁),具体运算阶段(Concrete-operational stage,7～12 岁),形式运算阶段(Formal-operational stage,12～16 岁)[135]。感知运动阶段的儿童的感觉和运动能力在数量和复杂程度上不断增加,通过有知觉、有意图地控制运动行为来保持或重复能引起兴趣的感觉,对外部刺激的表征尚处于感知运动的水平,到该阶段后期才开始出现心理表征的思维迹象。在前运算阶段,儿童对外部刺激的内在心理表征迅速发展,但这种表征思维只能停留在事物的表象上,处于非逻辑状态,他们还无法通过表面深入本质,因此自我中心化是这个阶段的主要特征。进入具体运算阶段后,儿童以自我为中心的思维特征明显消失,开始出现逻辑思维能力,因此他们不仅通过表象特征对事物有了认识和记忆,而且能够进一步对这些认识和记忆进行逻辑思维运算,但是这种运算操作只限于具象的事物。到了形式运算阶段,儿童的认知运算逐渐从具象的事物延伸到抽象的、非物质的符号和概念,他们开始理解一些他们自身并未直接接触过的事物。儿童在这四个认知发展阶段的发展特征见表2-1。

表2-1　让·皮亚杰的儿童认知发展过程

年龄	0~2岁	2~7岁	7~12岁	12~16岁
认知发展阶段	感知运动阶段	前运算阶段	具体运算阶段	形式运算阶段
认知发展特征	开始理解客观永存,建立反射行为;开始使用表征和符号,并为保持或重复感兴趣的感知而做出反应	对客观物体的有意试验,包括有思想性的计划和对客观物体的内在表征的不断增长;同时对待多于一个的特征时难于去向心性	对具体事物内在表征的心理操作的不断熟练;对具体事物具有逻辑能力;同时对待多于一个的特征时能够做到去向心性	抽象思想与逻辑推理

资料来源:作者根据参考文献[135]编制

可见,根据皮亚杰的认知发展理论,7~12岁的学龄儿童正处于具体运算阶段,他们的认知结构发生了重新组合,逐渐具备了思考具体物体或事件(如周围的声景)的心理认知和逻辑能力,认知能力正处于从初级认知发展为高级认知的阶段,是儿童认知发展的重要时期。

在这个时期,有意注意和无意注意作为认知能力的基础因素,其健康发展尤为重要。一方面,有意注意可以帮助我们成功地完成一项任务,而不受无关因素的影响,是提高工作效率、抑制控制能力的关键因素;另一方面,无意注意能够帮助我们发现和关注具有潜在重要性的事物,是发现和创新能力的关键因素。研究表明,儿童的有意注意能力与大脑前额叶皮层的发育紧密相关,因此儿童的注意能力远远不如成人完善,而且处于发展的敏感期[136]。如果有意注意的发展出现偏差,可能导致儿童注意力不集中、行为冲动不能自控,更严重的会导致不同程度的社会适应能力下降和学习困难,即社会普遍关注的注意缺陷多动障碍(Attention Deficit Hyperactivity Disorder, ADHD),甚至会严重影响成年后的工作和生活。因此,注意的恢复对儿童认知的健康发展具有重要作用。

2.2.3　压力反应特征

压力相关研究指出,压力反应可以分为急性压力(现有情况的突然改变造成的压力)、间歇性压力(定期或不定期出现的事件造成的压力)和慢性压力(处于持续状态的内部或外部环境造成的压力)。对于儿童来说,急性压力包括亲人生病或去世、父母离异、搬家、转校、严重的事故或伤害等;间歇性压力如学校定期或不定期的考试、参加各种比赛等;慢性压力如同龄人歧视、校园霸凌、家长忽视甚至虐待、学习困难等造成的身心压力。研究表明,儿童和成年人对压力的感知是完全不一样的。对于儿童来说,学业成绩引起的来自老师和家长的压力,以及同龄人的人际关系压力比成年人认为的更为强烈[137]。

儿童这种以亲密关系为典型来源的压力反应可以通过精神分析学家艾里克·埃里克森(Erik Erikson)的心理社会发展理论来解释。这一理论指出,心理的发展变化贯穿于我们的生命全程,并经历了八个不同的阶段,童年至青少年时期包括其中五个阶段,具体见表

$2-2^{[138]}$。

表 2-2　儿童心理进化过程

年龄	0~3岁	3~6岁	7~12岁	12岁以后
心理发展阶段	信任对不信任阶段(1~1.5岁)　自主对羞愧怀疑阶段(1.5~3岁)	主动对内疚阶段	勤奋对自卑阶段	同一性对同一性混乱阶段
心理发展特征	面部表情能够反映情绪,也能够理解他人的面部表情;对他人的依恋风格开始形成	发展出自我概念;性别和种族的认同感开始出现;可以在信任和共同兴趣的基础上建立友谊;道德是以规则为基础的,如奖励和惩罚	通过谈及心理特质来界定自己;自尊和自我效能感开始发展;男孩和女孩的友谊模式存在差异	界定同一性是一个关键性的任务,而同伴关系提供了社会比较;在家庭关系中,对自主性的寻求会造成和父母之间的冲突

资料来源:作者根据参考文献[138]编制

　　可见,7~12岁的学龄儿童处于"勤奋对自卑阶段",这个时期的儿童刚刚走出家庭范围,开始步入学校这一新的环境,接触更多的社会关系,也面临很多新的挑战。一方面,他们需要大量的认知消耗来应对日益增加的学业课程;另一方面,他们还要面临新的环境和新的社交挑战。这一阶段的学龄儿童认知和非认知能力都还未发育完善,但是他们却不得不开始应对不同的社会群体,扮演不同的社会角色,包括与教师、朋友和家庭的关系,并在这些亲密关系的建立过程中逐步形成自我认知。由此可见,这一理论很好地解释了学龄儿童的压力特点,即来自学校和家庭的亲密关系压力,这种压力的处理得当与否将直接关系到儿童对自身的认识,并进一步影响其价值观的形成。长期处于高度压力状态不仅会导致情绪的消极发展,带来认知疲劳,而且会导致生理上的应激反应功能失调,进而增加个体患各种身心疾病的危险。学龄儿童时期是个体情绪形成和生理应激系统发展的重要时期,因此,需要采取适当的措施在一定程度上帮助儿童适时地缓解压力。

　　压力缓解理论指出,个体的压力反应首先体现在生理和情绪上。在生理上,学龄儿童的压力应激反应系统处于发展的敏感期。以交感神经系统为主导,心血管系统、内分泌系统等为外在体现的压力反应系统是相关领域关注的重点。在情绪上,学龄阶段是情感概念成熟前的最后一个阶段。在这个阶段,儿童能够感知和理解情绪的许多重要组成部分:情绪的起因、情绪反应的类型、情绪表达的后果及自我进行情绪调节的方法。这些情绪要素在学龄初期开始发展,在学龄末期逐渐完善。因此,这一阶段儿童的情绪状态是决定未来情感健全与否的重要时期。此外,值得注意的是,这一阶段儿童的压力反应开始出现性别的差异。例如,研究显示,不同性别的学龄儿童在情绪反应和表达上有一定程度的差异,女孩更多地表达积极情绪,并且情绪偏内化型,如悲伤、焦虑、同情,而男孩的情绪表达比较外化,如愤怒[139]。因此,对儿童压力缓解的研究还应该重点关注性别因素的影响。

2.3　声景学理论研究

2.3.1　声景学与恢复性

　　“声景”(Soundscape)这一概念最初由加拿大作曲家、科学家谢弗(Schafer)教授于 20 世纪 60 年代末 70 年代初提出[99]。顾名思义,“声景”由声(Sound)和景(Scape)构成,是借鉴 Landscape 而来,也被译为“声景观”。

　　国际标准化组织在 2014 年将声景定义为:特定场景下,个体、群体或社区所感知、体验或理解的声环境(ISO 12913-1)[140]。声景的概念强调听者的感知与评价。如图 2 - 1 所示,声音、个体、场所及它们之间的相互关系共同构成了声景的概念框架[141]。

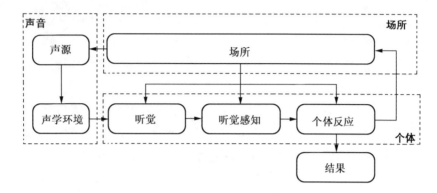

图 2 - 1　声景概念框架

资料来源:作者根据参考文献[140]绘制

在声音层面上,包括声源和声学环境两部分。声源指的是声音本身(如道路交通噪声、鸟叫声、脚步声等)及其在空间(频域)和时间(时域)上的分布。声学环境包括构成环境的物质材料、物质实体和空间的声学特性,会对声音的传播产生影响,从而导致吸收、反射、折射、混响等物理变化。这部分不涉及环境的视觉特性、不涉及声音的文化与审美内容。

在场所层面上,强调的是"在场"环境,而不是声学物理环境。因此,这一概念本身就离不开个体,指的是个体与环境在时间和空间上的相互关系,这种关系在经过复杂作用之后形成了某种记忆和情感。因此,"场所"本身反映了其中个体的生活方式和精神特征。

在个体层面上,包括听觉、听觉感知、个体反应三部分。听觉是指以声音到达人耳为起点,个体神经系统对声音进行处理的过程,关注人的听觉机理。听觉感知指的是个体通过有意识或者无意识的处理,创建声音信息,从而产生对声环境的意识和理解,强调声音作为一个物理刺激如何引起人的感知觉反应。个体反应包括生理、情绪和行为的反应。例如,一个人坐在公园的喷泉旁可能会产生轻松愉悦的情绪,因为喷泉声掩盖了周围的道路交通噪声,因此这个人可能会停留更长时间。

综上,声景学强调的是"个体 - 场所 - 声音"三位一体的关系。

在"场所 – 声音"的关系中,声景学将声音要素从场所中提取出来,以声源和声学环境为主要研究对象,探索其作为信号的物理特征及其在物理环境中的传播规律。在"声音 – 个体"的关系中,声音信息首先通过听觉被个体所接收;经过神经系统处理,形成个体的感觉和知觉;然后个体会对主观的感知觉做出积极或消极的反应。需要注意的是,声音与个体的关系同时会受到场所的影响,如视觉审美、社会文化特征等。在"个体 – 场所"的关系中,个体情绪或者行为上的反应会进而影响场所中的物理环境和精神意义[142]。

总之,三者之间的关系以个体为核心,声音和场所对个体的影响最终会产生一种长期的结果,包括态度、信念、习惯、健康、幸福感和生活质量等。由此可见,声景包括人们喜欢的声音(如鸟叫声),也包括人们不喜欢的声音(即噪声),而且声景对个体的影响是多方面的,总体来说,可以分为两个方向:消极影响和积极影响。以往研究大都集中在令人讨厌的噪声对健康的消极影响上,近年来,令人喜欢的声景对健康的积极影响逐渐成为研究热点[118]。

目前,在声景与健康的研究中,"恢复性"占据了重要部分。恢复性声景理论是从"恢复性"的角度关注声景对个体的积极影响,强调声景对个体听觉感知和个体反应的恢复性影响。值得关注的是,英国学者 Payne 制定的恢复性声景感知量表首次展示了成人对恢复性声景的感知维度[143]。恢复性声景量表是基于"注意恢复"理论制定的,包括迷人、离开 – 去、离开 – 从、兼容、程度五个维度。Payne以这一量表作为评价工具,探究了成年人对恢复性声景的感知结构,发现成年人感知到的恢复性声景的特征维度有两个:一个维度包含了迷人、离开 – 从、兼容三个因子;另一个维度包含了离开 – 去和程度(一致)两个因子(图 2 – 2)。

然而,儿童与成年人对环境的感知不同,那么对于学龄儿童来说,他们感知到的恢复性声景结构是否与成年人一样呢? 到底哪些声景因素具有这样的恢复性感知特征呢? 这些问题仍然有待研究。

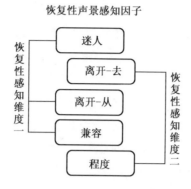

恢复性声景感知因子

图 2-2 针对成年人的恢复性声景感知结构

2.3.2 研究内容范畴的确定

声景是本课题的主要研究内容。如前所述,声景学理论包括对声音、场所和个体三个层面的研究。笔者已经对学龄儿童的范围和特征进行了定义和解析。根据学龄儿童的特征,本课题对声音层面和场所层面的考虑如下。

(1)在声音层面上,考虑声源和声学环境两部分。声源类型是对个体感知影响最大的声学元素,因此是本课题重点研究的部分。此外,声压级和背景噪声是对儿童恢复性产生影响的重要元素。因此,本课题综合考虑声压级和背景噪声的影响,最终采用信噪比(Signal to Noise, S/N)作为另一个声音层面的考虑因素。

(2)在场所层面上,本课题现阶段主要关注公共场所的恢复性声景。对于学龄儿童来说,日常生活场景可以大致分为两大类:室内场所和户外场所。

①室内场所(以小学教室为例)。对于室内场所,除了家庭,学校是学龄儿童第二主要的日常生活场所。儿童在学校(尤其是在教室中)花费的时间比其他室内环境多。对于这个年龄段的儿童来说,小学教室是最典型的学习环境,也是影响他们认知发展的主要场所[144]。学龄儿童由于认知发展处于快速上升阶段,因此教室的物理环境对于他们来说至关重要。当今学龄儿童的学业任务繁重,注

意力等认知能力消耗严重,因此,创造一个有助于注意恢复的教室环境非常重要。

②户外场所(以城市公园为例)。对于户外场所,城市公园是儿童最常见和最熟悉的场景之一,对于学龄儿童也是最典型的户外游憩环境。研究表明,户外游憩在儿童身体、心理、认知和社交等方面的发展中扮演着非常重要的角色,而在现代城市环境中,公园是儿童接触大自然、进行户外游憩活动最常见的城市公共空间。不仅如此,城市公园的声景也已经被广泛研究,并证明是人们对城市公园环境感知的重要组成部分[145]。

另外,视觉场景是声景必不可少的组成部分,但是视觉场景对儿童恢复性的影响不是本课题的关注重点。因此,在每一部分的实验研究中,小学教室和城市公园分别采用统一的典型视觉场景作为实验刺激,这样不仅可以模拟真实的场所氛围,而且可以避免不同视觉元素对儿童恢复性的干扰和影响。

2.4　小结

综上所述,儿童恢复性声景是指在儿童日常生活场景下,能够被儿童感知、体验或理解,并且能使儿童从心理疲劳和压力状态中恢复过来的声环境。顾名思义,儿童恢复性声景的理论框架可以总结为三个组成部分:以儿童群体为研究对象,以恢复性为研究角度,以声景为研究内容(图2-3)。具体而言,儿童群体的指定范围是7~12岁的学龄儿童;声景指学龄儿童日常生活场景中的声景,以室内场所(小学教室)和户外场所(城市公园)为例,研究儿童对不同声源类型和不同信噪比的感知;恢复性则包括注意恢复和压力缓解两个方面,通过实验验证的方法对声景的实际恢复性作用进行研究。

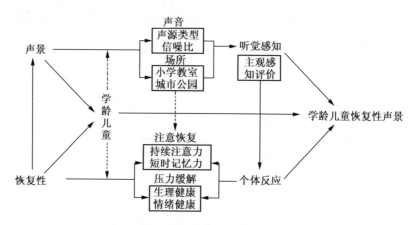

图 2-3 儿童恢复性声景的理论框架

第3章 针对学龄儿童的恢复性声环境现状调查

本章主要通过社会调查的方法对学龄儿童目前生活环境的恢复性现状进行初步探索,以期为后续研究提供前提和基础。社会调查包括两部分:问卷调查和实地测试。其中,以问卷调查为主,问卷目的是探索以下内容:儿童对恢复性环境的需求;儿童生活环境的恢复性现状;儿童生活环境中的潜在恢复性声音。实地测试则包括对声事件的记录和声压级的测量,目的在于了解儿童声环境的概况,为后续的深入研究提供背景基础。

3.1 社会调查方案

3.1.1 调查地点

根据第 2 章的理论研究,本次社会调查以两类儿童生活场所作为背景环境:小学教室和城市公园。调查于 2017 年 3 月和 2017 年 4 月在天津进行。

(1)小学教室。

调查选取了某小学的 6 间教室。该小学占地面积为 6 345.41 m²,现有 6 个年级,19 个教学班,近 800 名学生。学校总平面及周边情况如图 3-1 所示,主入口在东北角,西侧和北侧被居民区围绕,主教学楼位于校园中心,教学楼南侧是操场,北侧临近篮球场。学校位于市中心,但不靠近城市主要街道,因此受交通噪声影响较小,西北侧的社会生活噪声是主要噪声来源。此外,由于主教学楼的走廊位于北侧,教室位于南侧,因此面向操场,受操场上的体育活动噪声影响较大。

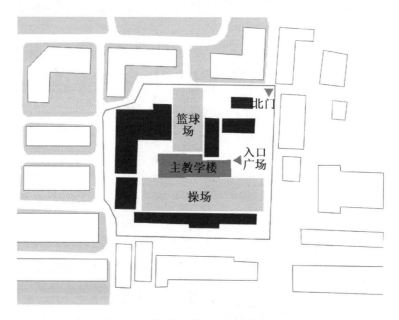

图 3 - 1 调查小学总平面及周边情况

所调查的 6 间教室面积为 50 ~ 60 m²,教室净高 3 m,教室容量为 30 ~ 36 人,人均面积约 1.7 m²,这是我国小学中非常典型和常见的教室规模(《中小学校设计规范》规定普通教室的使用面积指标是 1.36 m²/座,每班 45 人)。所选教室的具体信息见表 3 - 1。

表 3 - 1 被调查教室基本信息

编号	教室	进深/m	开间/m	净高/m	体积/m³	座位数	声学处理
1	一年 3 班	9.3	5.8	3.3	178.0	36	无
2	二年 5 班	9.3	5.8	3.3	178.0	36	无
3	三年 1 班	9.3	5.8	3.3	178.0	36	无
4	四年 4 班	9.3	5.8	3.3	178.0	35	无
5	五年 2 班	9.3	5.8	3.3	178.0	30	无
6	六年 1 班	9.3	5.8	3.3	178.0	30	无

6 间教室分别是从一年级到六年级中各抽取一个班级,以涵盖

从 7 岁到 12 岁的小学学龄儿童。教室的室内布置相似,均未做特殊
吸声处理;两侧墙除了门窗,均为抹灰涂漆;前后墙各有一块黑板,其
余为抹灰涂漆;天花为轻质石膏板吊顶;地面为复合 PVC 弹性地板。
教室内有计算机和投影等教学设备,每个教室安装两台空调(图
3 - 2)。

图 3 - 2　小学教室内部实景

(2)城市公园。

问卷调查选取了天津市的 4 个城市公园,分别代表不同规模等
级和不同景观特征(表 3 - 2):水上公园是天津市规模最大的综合性
公园,面积为 125 hm^2,园内分布着三湖五岛,以水景为特色。长虹
公园是南开区的游乐型公园,面积为 33.9 hm^2,其中绿地面积占
97.5%,园内功能分区明确,以游乐功能为主。南翠屏公园面积为
33.5 hm^2,位于城市干道红旗南路和滨水西道交叉口,公园内山水环
绕,自然风景优美;其中山体造景全部采用建筑渣土,践行环保的同
时充分展现了自然山水的特征。银河公园位于城市文化中心区域,
面积为 19.9 hm^2,是一座半下沉式全开放公园。公园周边环绕图书
馆、博物馆等文化建筑,规划设计恢宏大气,园内有大片绿地和水域,
环境清幽。

表 3 – 2   被调查公园基本信息

编号	公园名称	级别	面积/hm²	位置	功能类型	声环境功能区
1	水上公园	市级	125	南开区	综合型	1 类功能区
2	长虹公园	区级	33.9	南开区	游乐型	1 类功能区
3	南翠屏公园	区级	33.5	南开区	风景型	1 类功能区
4	银河公园	市级	19.9	河西区	文化型	1 类功能区

值得注意的是,上述 4 个公园均属于《天津市〈声环境质量标准〉适用区域划分》中的 1 类功能区。根据《声环境质量标准》GB 3096—2008 的规定,1 类声环境功能区的昼间环境噪声限值为 55 dB(A),夜间噪声限值为 45 dB(A)[146]。

此外,4 个被调查公园的周边城市环境各不相同。水上公园面积较大,北侧和南侧距离城市干道较远,东西两侧的城市道路交通流量较小,因此内部受交通噪声影响较小。长虹公园位于城市主干道红旗路和长江道交叉口,因此西南侧受交通噪声影响较大。南翠屏公园西南侧紧邻城市干道红旗南路,北侧毗邻滨水西道,因此受交通噪声影响较大。银河公园西侧临近友谊路,其他三面环绕其他文化中心功能区域,受交通噪声影响较小。

3.1.2　调查对象

在本次问卷调查中,一共对 352 名学龄儿童进行了调查。最后,根据问卷完成度剔除了 17 份无效问卷,一共回收 335 份有效问卷,包括教室环境问卷 188 份和公园环境问卷 147 份,详细样本统计信息见表 3 – 3。此外,以往研究表明,儿童的社会人口学差异(如年龄和性别)可能会对他们对声环境的感知产生重要影响[26]。因此,为了保证样本的均匀性和代表性,调查中采取典型抽样的方法,对各个年龄段和性别的样本量尽量平衡采集。被调查儿童的平均年龄为 9.3 岁,标准差为 1.7 岁;所有儿童均报告视力正常和听力正常。

表 3 - 3　社会问卷调查样本统计

		小学教室		城市公园		合计
		总计	比例/%	总计	比例/%	
性别	男孩	99	52.7	71	48.3	170
	女孩	89	47.3	76	51.7	165
年龄	7	41	21.8	23	15.6	64
	8	26	13.8	34	23.1	60
	9	36	19.2	22	15.0	58
	10	29	15.4	30	20.4	59
	11	32	17.0	17	11.6	49
	12	24	12.8	21	14.3	45
合计		188	100	147	100	335

3.1.3　调查问卷设计

调查问卷共设置 10 个题目,包括开放和半开放问题。问卷主要包括以下三方面内容。

(1)儿童对恢复性环境的需求。因为心理压力和认知疲劳是恢复性环境理论关注的两大方面,因此本研究以儿童对压力缓解和疲劳恢复的需求作为衡量恢复性需求的标准,通过从"一点也不"到"极度"的五级言语尺度评估了儿童对减轻压力和消除疲劳的需求程度。

(2)儿童生活环境的恢复性现状。由于以前的很多研究表明,环境喜好度和愉悦感与恢复性评价有显著的正相关关系[123,147],所以本研究以这两项作为衡量儿童生活环境恢复性现状的主要指标,要求受访儿童从"一点也不"到"极度"的五级言语尺度来评估他们对这些地方的喜好度和愉悦感。此外,还进一步探索了促进环境潜在恢复性(即喜好度和愉悦感)的主要环境因素:问卷中列出了小学教室和城市公园内常见的 10 种环境因素,要求儿童选择让他们感到轻松愉快的因素,并且可以补充填写问卷中未列举的其他因素。

(3)对儿童具有潜在恢复性的声音。除了喜好度和愉悦感,熟悉度与恢复性也具有潜在相关性[123]。儿童较为熟悉的声音意味着该声音在环境中容易创造和添加。因此,问卷分别调查了儿童在教室和公园中最常听到的声音和最喜欢的声音。问卷中列出了小学教室和城市公园中 13 种常见的环境声音,让儿童在这 13 个选项中选择他们在调查现场经常听到的声音,以及让他们感到轻松愉快的声音,并且可以补充填写问卷中未列举的其他声音。

此外,由于儿童对小学教室的使用情况(如使用时间和目的)是基本一致的,但对公园的使用情况各不相同。因此,在对城市公园的调查问卷中,增加了 3 个关于公园使用的问题:游园频率、同伴、目的和逗留时间,目的在于探究这些个人因素是否会影响儿童对公园恢复性的感知评价。调查问卷内容详见附录 1。

在实地问卷调查过程中,调查人员对受访儿童详细解释了问卷中的每个问题。特别是对于部分 7 岁儿童,调查人员以半结构式访谈的形式对他们进行了问卷调查。

3.1.4　实地测试方案

以往研究表明,个体对环境声音的恢复性体验可能会受到环境背景噪声的影响[121]。为了调查教室和公园中的典型背景噪声是否对儿童的恢复性体验有影响,在问卷调查期间,同时对教室和公园的背景噪声声压级(L_{Aeq})进行了现场测量,测量仪器采用 Norsonic Nor140 一级声级计。具体测量方法按照 GB 50118—2010《民用建筑隔声设计规范》[148]和 GB 3096—2008《声环境质量标准》[146]。

小学教室声环境测量选择在学校上学日对教室满场条件和空场条件分别进行测量:测量满场背景噪声是为了调查儿童上课期间实际感受到的声环境情况,测量空场背景噪声则是为了调查目前的教室声环境是否符合国家标准(目前国家标准尚无针对满场情况的规定)。在满场条件下,教室所有门窗关闭,窗帘收起,开启室内所有设备(空调和投影仪);在空场条件下,教室所有门窗关闭,窗帘收起,关闭室内教学设备。每个教室布置了 3 个测点,测点均匀分布在房间长方向的中心线上。测点距离地面高度 1.2 m,距离墙壁等反射表面大于 1.0 m,每次测量时间 10 min,每个测点测 3 次。测点位置如图 3 - 3 所示。

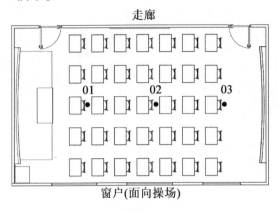

图 3 - 3　小学教室背景噪声测点布置

城市公园声环境测量选择在周末白天时间(8:00 至 17:00)进行。由于公园内各个区域的声压级水平差异较大,因此每个公园至少布置了 10 个测点。测点随机均匀分布于公园内,每个主题功能区内至少 1 个测点,并且与扬声器、人群聚集活动地等相隔一段距离,以避免这些较大噪声源的干扰。测点距离地面高度 1.2 m 以上,距离构筑物等反射表面大于 3.5 m,每次测量时间为 10 min。

在测量教室和公园背景噪声声压级的同时,对各个调查地点的声景片段进行了录制。声景片段从 5 min 到 10 min 不等。这些声音片段主要用于本部分的结果分析讨论,以及后续实验室研究的实验音合成。

3.2　问卷调查结果

3.2.1　儿童对恢复性环境的需求

问卷调查首先统计分析了不同性别和年龄的学龄儿童对恢复性的主观需求,包括压力缓解和疲劳恢复两方面。结果表明,在被调查的 335 名学龄儿童中,66% 的儿童具有压力缓解的需求,58.8% 的儿童具有疲劳恢复的需求。在具有恢复性需求的儿童中,大部分选择了"好像有点压力(或疲劳)"和"比较有压力(或疲劳)",这表明大部分 7~12 岁的儿童具有恢复性需求(图 3-4)。

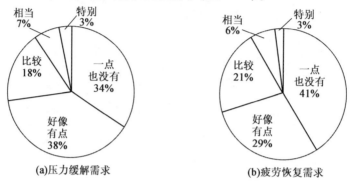

(a)压力缓解需求   (b)疲劳恢复需求

图 3-4   不同恢复性需求的受访儿童百分比

此外,笔者进一步对不同性别和年龄的儿童的恢复性需求进行了差异性分析(表 3-4)。结果表明,尽管不同性别的儿童之间的恢复性需求没有显著差异($p>0.05$),但不同年龄的儿童的恢复性需求有显著差异,包括对压力缓解和疲劳恢复的需求($p<0.01$)。此外,性别和年龄对儿童的恢复性需求有交互作用,尽管对压力缓解需求的交互作用并不显著($p=0.068$)。

表 3-4   不同性别和年龄的儿童的恢复性需求差异

需求	性别	年龄	性别×年龄
压力缓解	0.967	0.000＊＊	0.068
疲劳恢复	0.736	0.000＊＊	0.009＊＊

注:＊和 ＊＊ 分别表示在 0.05 和 0.01 水平上的显著性。

如图 3-5 所示,儿童的恢复性需求随着年龄的增长而增长,而且对压力缓解和疲劳恢复的需求几乎完全一致。这个结果一方面表明了儿童的年龄越大,学业和生活对其造成的心理或生理负担越大,因此对恢复性的需求越大,因此对于恢复性声景的研究应重点关注年龄较大的儿童。另一方面,儿童对压力缓解和疲劳恢复的需求的一致性表明了儿童的压力和疲劳可能是相互影响的,因此后续研究应同时关注压力缓解和疲劳恢复两个方面。

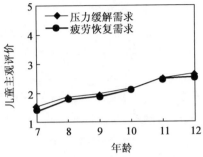

图 3－5　年龄对儿童恢复性需求的影响

　　性别和年龄对儿童恢复性需求的交互作用如图 3－6 所示。总体而言,7~10 岁的男孩对恢复性的需求高于女孩,而 10~12 岁的女孩对恢复性的需求高于男孩。上述结果表明,女孩对压力缓解和疲劳恢复的需求随着年龄的增长呈上升趋势,而男孩对恢复性的需求基本不变;9~10 岁年龄段的男孩和女孩对恢复性的需求基本一致。可见,学龄儿童中男孩和女孩恢复性需求的发展趋势有所差异,因此恢复性声景的营造需要同时考虑不同年龄和性别的儿童需求。

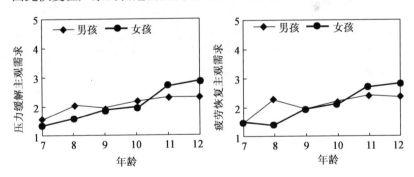

图 3－6　性别和年龄对儿童恢复性需求的交互作用

3.2.2　儿童生活环境的恢复性现状

　　儿童对环境的恢复性体验通过环境喜好度和愉悦感评价分析获得。对于儿童来说,教室和公园的喜好度和愉悦感都较高,这表明目前儿童的生活环境均具有较好的潜在恢复性(表3-5)。值得关注的是,儿童对教室环境的喜好度和愉悦感均值超过3.8,即恢复性现状评价普遍较高。这个结果可能有以下几个原因:①儿童对教室声源类型比较偏好,因此对教室较高声压级的容忍度比成人更高;②所调查的儿童大都在该校学习了较长一段时间,所以可能已经适应了在这种教室声环境下听课,没有体验过更好的教室声环境。因此,在后续的实验过程中,应精确地设置对照实验,让学生体验和对比不同的声环境效果,以获得更准确的恢复性评价。

表3-5　学龄儿童在教室和公园中的恢复性体验

	教室				公园			
	均值	标准差	性别	年龄	均值	标准差	性别	年龄
喜好度	4.22	1.08	0.014*	0.189	3.95	0.96	0.506	0.168
愉悦感	3.89	1.24	0.252	0.044*	3.85	0.94	0.964	0.041*

注:*和**分别表示在0.05和0.01水平上的显著性。

　　另外,在教室和公园中,不同性别的儿童在喜好度和愉悦感上几乎都没有显著差异。不同年龄的儿童在教室和公园中的恢复性体验如图3-7所示,尽管在方差分析中不同年龄的儿童在愉悦感评价上有显著差异,但教室和公园中的喜好度和愉悦感评价随年龄变化的趋势基本一致,没有随着年龄的增长有明显的上升或下降。因此,年龄和性别对儿童生活场所恢复性评价的影响需要进一步的研究。

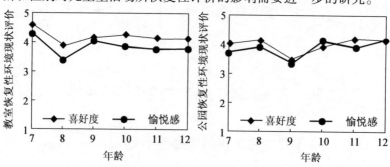

图3-7　不同年龄的儿童在教室和公园中的恢复性体验

在公园问卷调查中,研究人员对公园的使用情况进行了统计和分析。在游园频率上,90%以上的受访儿童去公园的频率介于每学期1~3次到每周1~3次,如图3-8(a)所示;对于游园同伴,82%的儿童是和父母一起,其次是和爷爷奶奶或者同龄人一起,如图3-8(b)所示;对于游园目的,48%的儿童是为了游乐玩耍,40%的儿童是为了放松休息,少数儿童是为了观赏风景和参加活动,如图3-8(c)所示;对于公园逗留时间,48%的儿童逗留时间大约为半天,39%的儿童逗留时间为1~2 h,如图3-8(d)所示。综上可见,城市公园是儿童课外经常光顾的户外活动场所,他们通常在长辈或者同龄人的陪伴下到公园游乐玩耍或放松休息,大部分儿童会在公园逗留1 h到半天的时间。

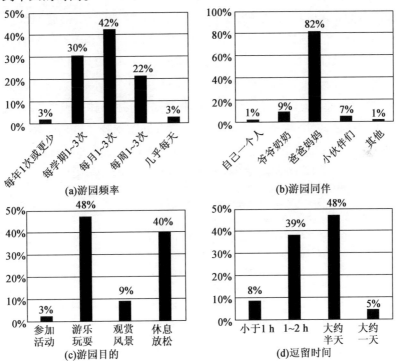

图3-8 学龄儿童对公园的使用情况

然而,方差分析表明,儿童的游园同伴和游园目的对他们的恢复性体验评价并没有显著的影响。同样,相关分析表明,儿童的游园频率和逗留时间与他们的恢复性体验评价也没有显著的相关关系。出现上述结果的一部分原因可能是不同使用情况下的儿童样本数量差异较大,所以儿童个人使用情况对恢复性体验的影响仍然需要进一步的调查和验证。

此外,问卷调查统计发现,教室和公园中对儿童具有潜在恢复性的环境因素不同。在教室中,最具潜在恢复性的环境因素是"友好的同学"和"有趣的课堂",分别有81%和63%的被调查儿童选择了这两个环境因素,如图3-9(a)所示,这表明功能特征对于教室环境的恢复性最重要。可见,儿童感知到的恢复性环境因素与成人不同,因为以前的研究表明,在建筑环境中自然因素对于成人的身心健康是最重要的。此外,教室里的设备、音乐、植物、光线、布局、空间、视野、桌椅等其他环境元素也具有潜在的恢复性功能,因为有30% ~ 40%的儿童也选择了这些环境元素。在公园中,最具潜在恢复性的环境因素是"自然景观"和"开阔的场地",分别有78%和54%的被调查儿童选择了这两个环境因素,如图3-9(b)所示,这表明空间特征对于公园环境的恢复性最重要。其次是"舒适的休息设施"和"安全的环境",分别有45%和36%的被调查儿童选择了这两个环境因素,这表明安全和舒适也是创造恢复性公园环境的重要因素。

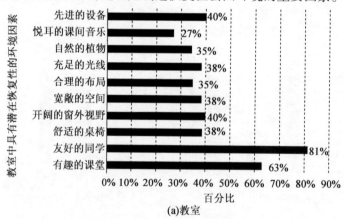

(a)教室

图3-9 对学龄儿童具有潜在恢复性的环境因素

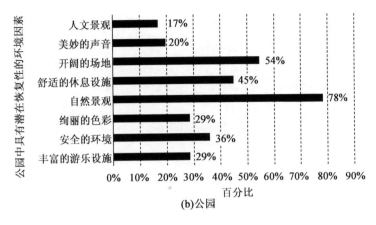

(b)公园

续图 3 – 9

此外,值得注意的是,在教室和公园中,分别有 27% 和 20% 的受访儿童选择了声音这一要素作为具有潜在恢复性的环境因素。这表明环境声音是对儿童恢复性体验有一定影响的环境因素。

综上所述,儿童对于恢复性环境因素的感知与家长和设计师是存在一定差异的,儿童和成人有不同的视角和不同的需要。因此,对于教室和公园环境的规划设计,不应该仅仅从成人和设计师的角度来揣测儿童的需要,而应该从儿童自身的视角出发,充分考虑儿童的切身感受,营造满足儿童需求、兴趣和期望的场所空间。

3.2.3　儿童生活环境中的潜在恢复性声音

在探索具有潜在恢复性的环境声音之前,问卷首先调查了环境声音对儿童环境感知的重要性。结果表明,在教室和公园环境下,分别有 89.9% 和 82.3% 的儿童认为声音对于环境感知具有重要作用,这表明提高声环境质量能够有效地改善儿童的恢复性体验。

具体而言,教室环境下认为声环境重要的占 89.9%,其中相当重要和特别重要的分别占 10% 和 27.7%;而公园环境下认为声环境重要的占 82.3%,其中相当重要和特别重要的仅占 6.8% 和 8.2%(图 3 – 10)。由此可见,对于学龄儿童来说,教室声环境比公园声环境更加重要。

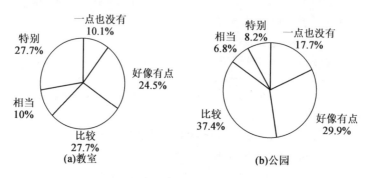

图 3 - 10　声音对学龄儿童环境感知的重要性

　　问卷调查进一步探索了教室和公园中具有潜在恢复性的声音。如图 3 - 11 所示，在教室中，儿童最常听到的声音是说话声、嬉闹声和脚步声等人工声，选择这三项的儿童比例分别为 86%、77% 和 59%，其次是音乐声、鸟叫声和唱歌声，选择人数超过了 30%。在"喜爱的环境声音"问题上，选择鸟叫声、音乐声和嬉闹声的儿童比例最高，分别为 63%、61% 和 51%，其次是唱歌声（41%）及流水声（40%）、雨声（35%）、昆虫叫声（30%）等自然声。由此可见，嬉闹声、鸟叫声、音乐声和唱歌声是儿童在教室中最常见而且最喜欢的环境声音，因此是教室环境中最具潜在恢复性的声音。

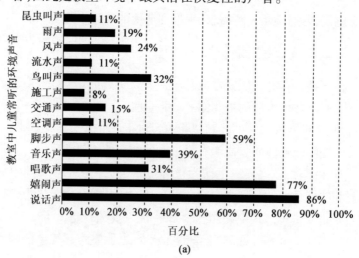

图 3 - 11　教室中对儿童具有潜在恢复性的声音要素

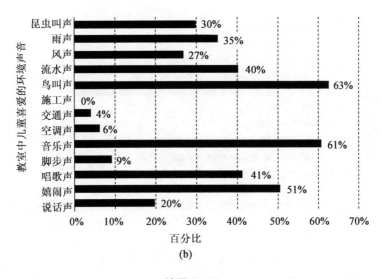

(b)

续图 3 – 11

　　在公园中(图 3 – 12),儿童最常听到的声音是说话声和鸟叫声,选择这两项的儿童比例分别为 76% 和 65%,其次是风声(46%)、音乐声(44%)、嬉闹声(42%)和流水声(41%)等。在"喜爱的环境声音"问题上,选择鸟叫声和流水声的比例最高,分别为 73% 和 59%,其次是嬉闹声(37%)和风声(31%)等。由此可见,鸟叫声、流水声、嬉闹声和风声是儿童在公园中最常见而且最喜欢的环境声音,因此是公园环境中最具潜在恢复性的声音。综上所述,在教室和公园中,人工声如说话声、嬉闹声、音乐声等是儿童最常听到的声音,而自然声如鸟叫声和流水声则是儿童最喜爱的声音,其次是嬉闹声和音乐声等人工声。

　　此外,除了上述事先设定的环境声音,在开放性问题"其他喜爱的声音"中,被调查儿童还列举了许多教室和公园中曾经出现过的其他环境声音,如喷泉声、风铃声、蛙鸣声、蝉鸣声、海浪声等。这些环境声音将同样被用于后续的实验研究中。可以看出,虽然这些环境声音出现的频率不高,但儿童的注意力确实很容易受到环境声音的干扰,即使稍微细小的声音都会给他们留下深刻的印象,说明这些环境声音也对他们造成了一定程度的影响。

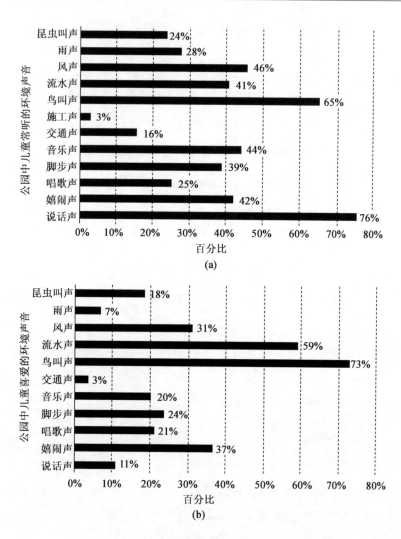

图 3 - 12   公园中对儿童具有潜在恢复性的声音要素

3.3   实地测试结果

3.3.1   教室声环境测试

6 间小学教室的背景噪声测试结果见表 3 - 6。在教室环境下，可以看出满场条件下的声压级普遍高于空场条件,与事先预测一致。在满场条件下,6 间教室背景噪声的平均值为 55.4 dB(A),最小值为 51.2 dB(A),最大值为 59.8 dB(A);在空场条件下,6 间教室背景噪声的平均值为 48.3 dB(A),最小值为 45.2 dB(A),最大值为 50.2 dB(A)。可以看出,空场条件下的测量结果基本没有教室达到国家标准限值 45 dB(A)。

表 3 - 6　6 间小学教室的声压级平均值　　　　　　dB(A)

教室	一年 3 班	二年 5 班	三年 1 班	四年 4 班	五年 2 班	六年 1 班	平均值	参考值
满场	56.0	58.7	59.8	52.8	51.2	53.8	55.4	—
空场	50.2	48.0	50.4	49.7	46.1	45.2	48.3	45

　　调查发现,上课时间教室空场的背景噪声主要来源于操场上的体育活动噪声。由于主教学楼的所有教室窗户朝向南侧,临近操场,而且维护结构的隔声措施不足,因此教室内的上课、学习不可避免地会受到操场噪声的影响。不仅如此,由于操场上一直都有不同班级在上体育课,因此对附近教室的室内学习造成了持续不断的噪声影响。可见,学校校园布局规划不合理、建筑结构隔声性能不足、体育课程安排不合理是造成教室噪声问题的主要原因,这也是众多小学都存在的普遍问题[149]。

　　《民用建筑隔声设计规范》(GB 50118—2010)中规定了学校普通教学用房的背景噪声限值为 45 dB(A)。与其他国家和组织的普通教室噪声限值相比,我国的教室噪声水平限值标准仍较为宽松(表3 -7)。当然,其中一部分原因是各个国家和地区的噪声级评价参量和方法不同。但是即便是较为宽松的标准限值,目前部分小学教室的背景噪声水平仍然不能满足要求。

表 3 – 7   普通教室声学设计标准限值

国家(组织)	室内背景噪声级/dB(A)	
	范围	评价参量
WHO	≤35	L_{Aeq},1 h
美国	35 ~ 40	L_{Aeq},1 h
英国	≤35	L_{Aeq},30 min
日本	35 ~ 45	L_{Aeq},1 h
中国	≤45	L_{Aeq}

资料来源:参考文献[149]。

如第 1.3.1 节所述,恶劣的教室声环境会对儿童的阅读理解、学习成绩等认知能力有显著的负面影响。因此,降低教室噪声水平,营造对儿童认知发展具有恢复性的教室声环境是一项必要而紧迫的任务。

3.3.2   公园声环境测试

在公园环境下,4 个城市公园的背景噪声平均值为 59.8 dB(A),最小值为 54.4 dB(A),最大值为 66.3 dB(A),具体见表 3 – 8。公园内的环境声音复杂多样,主要是人们的交谈声、儿童的嬉闹声、唱歌声或音乐声、风声、鸟叫声、流水声等。本次测量结果略高于以前的调查研究结果,原因可能是本次调查集中于周末,公园内游客较多,活动多样,因此背景噪声较工作日更大一些。

表 3 – 8   4 个城市公园的声压级平均值   dB(A)

公园	水上公园	南翠屏公园	银河公园	长虹公园	平均值	参考值
均值	61.9	56.8	54.4	66.3	59.8	55

虽然目前国家标准中尚无针对公园背景噪声的规定,但根据国家标准对 1 类声环境功能区的规定,昼间环境噪声限值为 55 dB(A)。测量结果表明,水上公园和长虹公园背景噪声的整体水平较高,南翠屏公园和银河公园背景噪声水平基本满足标准限值。

最后,问卷调查数据与声学测量结果的相关分析表明,这些场所的背景噪声声压级与儿童的恢复性感知评价没有显著的相关性。原因可能是,许多受访儿童认为教室和公园中现有的主要声音(如嬉闹声、风声)是令人喜爱和愉悦的声音。因此,与成人相比,儿童对较高声压级的背景噪声的承受能力更大。

另外,本次调研是一次初步测试,主要目的在于初步了解目前教室和公园的背景噪声水平,并为本书的后续研究提供视觉与声音素材,因此调研教室和公园的样本数量有限,相关研究结果仅具有一定的借鉴意义和参考价值,后续的研究可以对更多的样本进行调研和验证。

3.4　小结

本次社会调查在天津市的 6 个小学教室和 4 个城市公园进行,分别进行了问卷调查和声学测量,初步探索了儿童对恢复性环境的需求、儿童生活环境的恢复性现状及其中具有潜在恢复性的环境声音。结果表明,7 ~ 12 岁的儿童对恢复环境的需求较高,并且随着年龄的增长,他们的恢复性需求也随之增加。此外,目前的教室和公园环境具有一定程度的恢复性潜力,儿童在教室的恢复性体验取决于其功能特性,而在城市公园的恢复性体验取决于其空间特性。值得注意的是,环境声音被认为是影响儿童在教室和城市公园中恢复性体验的重要因素。具体而言,教室和城市公园最有潜力的恢复性声音分别是人工声(如音乐声、唱歌声)和自然声音(如鸟叫声、流水声)。最后,声学测量结果表明,目前教室和公园的背景噪声与国家标准限值和以往调查研究结果相比均较高,普遍没有达到国家标准要求,因此对教室和公园环境噪声控制的重视度仍有待提高。

第4章 学龄儿童对声景的恢复性感知评价研究

基于社会调查的结果,本书通过实验室主观评价的方法探索学龄儿童对声环境的恢复性感知评价,以此来探究儿童恢复性声景的主观和客观特征。研究内容包括以下两个方面:一是儿童对不同声源类型的恢复性感知评价,二是儿童对不同信噪比的恢复性感知评价。通过这部分的实验室主观评价研究,确定不同功能场所下对儿童具有潜在恢复性的声源类型和信噪比,一方面为规划设计实践提供理论指导,另一方面为后续恢复性声景的验证研究奠定基础。

4.1 儿童对声景的恢复性感知评价方法

4.1.1 研究思路

声源类型是影响声景感知的首要声学因素[150]。以往研究表明,对于成人来说,鸟叫声等自然声比交通噪声等人工声的恢复性感知评价更高[151]。另外,声景强调在特定场景下个体对声音的感知,每种特定场景都具备独特的背景噪声特点,场所背景噪声也是影响个体生理、心理和认知的重要因素[152]。因此,教室和公园场景下的背景噪声也是需要重点考虑的声学影响因素。

综上,声源类型和信噪比是本书关注的声学指标。考虑到实际实验的可操作性和被试样本量的限制,本书的研究思路是将声源类型和信噪比分为两步分别进行恢复性感知评价:首先让被试儿童对大量声源类型进行恢复性感知评价,从中探索出儿童对声景恢复性感知的基本规律;然后从上述声源类型中选出恢复性评价最好的若干种,对其设置不同的信噪比,探索哪种信噪比的声景恢复性评价最好。

两次实验所用的评价量表、视觉场景和实验程序是一样的,只有实验音不同。本书通过学龄儿童对声景的恢复性感知评价,预期得到对学龄儿童最具恢复性潜力的声源类型和信噪比,同时确定学龄儿童对声景恢复性的主观感知特征、客观声学特征及其他影响因素。

4.1.2　评价量表

根据文献综述可知,目前还没有针对儿童恢复性声景的评价量表。因此,为了评估学龄儿童对声景的恢复性感知,笔者将在已有恢复性环境量表的基础上进行进一步修订,以适应本研究的特殊需求。

根据第 1.3 节中关于恢复性环境的研究综述,可以看出目前已经有大量大同小异的恢复性量表。笔者选取和修订恢复性量表的原则如下:①量表能够兼容并蓄地表达 Kaplan 的注意恢复理论和 Ulrich 的压力缓解理论的观点;②量表与本课题的研究内容(声景)和研究对象(学龄儿童)相契合;③量表要简短、容易理解,方便被试快速准确地作答。

基于以上原则,本次实验采用了 Payne 制定的知觉恢复性声景量表(Perceived Restorativeness Soundscape Scale,PRSS)[143]和 Bagot 等人开发的儿童知觉恢复成分量表(Perceived Restorative Components Scale for Children,PRCS-C)[69]。在上述两个量表的基础上,通过以下步骤进行了修订。

首先,确定英文版量表内容。由于 PRSS 和 PRCS-C 都是英文问卷,因此第一步是确定英文版的量表内容。因为本课题的研究内容是恢复性声景,所以以声景为主要目标的 PRSS 是本次问卷制定的基础,采用了 PRSS 的"Fascination(迷人),Being away-To(离开 - 去),Being away-From(离开 - 从),Compatibility(相容),Extent(程度)"五维度框架。另外,由于这项研究的对象是学龄儿童,因此对 PRSS 中的各个条目参考 PRCS-C 进行了修订:第一步,将陈述句改为疑问句,更符合儿童的问答思维;第二步,将条目中较为抽象的表达变为针对儿童特点的具体表达,如将"这些声音会让你感觉摆脱了工作、惯例和责任吗?"修改为"这种声音环境可以让你暂时忘记学习和作业吗?";第三步,将 PRSS 中的七级言语量表修改为五级言语量表,更适合学龄儿童作答。经过上述步骤,最终得到了英文版的儿童恢复性声景感知量表(Perceived Restorativeness Soundscape Scale for Children, PRSS-C)[153]。

其次,将量表从英文翻译为中文。量表的翻译遵循国际通用的翻译程序:第一步,由两位本课题相关研究人员将 PRSS-C 从英文翻译成中文,在准确翻译的基础上保证中文表达的简洁和流畅;第二步,再由非本课题相关的精通中英两种语言的人员进行回译,并与原版英文量表进行对比;当一致度较高时,可以认为中文量表能够完整地表达英文量表的内容,翻译完成。这一程序可以基本保证原始量表的准确转译[154]。

最后,验证中文量表的适用性。笔者进行了一项预实验,招募了6 名儿童作为被试,在教室和公园场景下分别播放溪流声,让被试在 PRSS-C 上对声景进行评价。预实验结束后,询问被试对于问卷内容的理解和感受,并对被试不易理解的词语进行同义修改。这一步骤可以确保被试能够清楚、准确地理解问卷中的各个题目。最终的儿童恢复性声景感知量表(PRSS-C)见表4-1。

表4-1　儿童恢复性声景感知量表(PRSS-C)

"迷人"
1.这种声音吸引你吗?
2.这种声音有趣吗?
3.你还想听得更久一点吗?
4.这种声音会引发你的思考和想象吗?
5.你有没有感觉自己沉浸在这种声音里了?
"离开-去"
6.你觉得这种声音在日常生活中少见吗?
7.你觉得这种声音特别吗?
8.在这种声音环境中,你会想做一些与众不同的事吗?

续表 4 - 1

"离开 - 从"
9. 这种声音环境可以让你暂时忘记学习和作业吗？
10. 这种声音环境可以让你感觉远离压力和烦恼吗？
11. 在这种声音环境中,你能放松和休息吗？
"相容"
12. 你习惯这种声音环境吗？
13. 你能很快地适应这种声音环境吗？
14. 在这种声音环境中,你可以做自己喜欢的事情吗？
"一致"
15. 你觉得听到的声音是属于图片中这个地方的吗？
16. 你觉得听到的声音和图片中的环境和谐吗？

　　量表一共包括 5 个维度 16 个项目:维度"迷人"包括 5 个项目;维度"离开 - 去"包括 3 个项目;维度"离开 - 从"包括 3 个项目;维度"相容"包括 3 个项目;维度"一致"包括 2 个项目。对于问卷的每个项目,要求被试在五级言语量表(1 = "一点也不";2 = "好像有点";3 = "比较";4 = "相当";5 = "特别")上,对项目进行一一评分。所有项目的平均值作为某个实验音的 PRSS-C 得分,分值越高,表明这个实验音对于被试来说感知到的恢复性越高。PRSS-C 的内部一致性系数(Cronbach's alpha)为 0.89 ~ 0.94,结构效度良好。该量表先后用于儿童对声源类型和信噪比的恢复性感知评价实验中。

　　在声源类型恢复性评价实验中,量表的目的在于探索以下三个方面的问题:①儿童感知到的声景恢复性特质有哪些？ ②哪些声源类型对儿童具有更好的恢复性潜力？ ③哪些因素会影响儿童对不同声源类型的恢复性感知？

　　在信噪比恢复性评价实验中,量表的目的在于探索以下三个方面的问题:①信噪比是否会影响儿童对声景的恢复性感知？ ②哪种信噪比的声景对儿童具有更好的恢复性潜力？ ③哪些因素会影响儿童对不同信噪比的恢复性感知？

4.1.3 视觉场景

如第 2.3 节所述,声景学的概念强调视觉场景对于个体感知的重要性[140]。此外,研究表明,视听交互作用在个体的环境感知评价中起着重要作用[155]。因此,本研究考虑了环境声音所在的视觉环境对儿童恢复性感知评价的影响。与社会调查的地点一致,这项实验是在两个模拟的视觉场景中进行的:学校教室和城市公园,如图 4 - 1 所示。

图 4 - 1 实验中所用教室和公园环境照片

这两种场景的实验图片通过一项预实验获得:笔者首先从社会调查的拍摄照片中选取了 10 张教室照片和 10 张公园照片,然后招募了 12 名儿童作为被试,对照片的代表性和熟悉感在五级言语量表(从"一点也不"到"特别")上进行了评分,获得最高分的照片作为最典型的教室场景和公园场景,用于实验的视觉刺激。在实验中,视觉刺激通过 46 英寸(1 英寸 = 2.54 cm)的液晶显示屏进行播放,该屏幕放置在被试前面约 100 cm 的位置。

4.1.4 评价程序

本次实验于 2017 年暑假前后(声源类型实验:7 ~ 8 月;信噪比实验:9 ~ 10 月)在天津大学建筑学院的半消声室中进行。半消声室的背景噪声大约为 22 dB(A),围护结构具有较好的隔声性能,可以减少实验期间外部噪声的干扰,为被试提供一个相对安静和稳定的声环境。在进行实验之前,所有的儿童及其父母都被告知了研究方案,被试自愿参与实验,并由父母签署知情同意书。

　　在实验过程中,被试的父母在消声室外的休息室等候。两位被试为一组,在一位研究人员的监督下进行主观评价实验。在消声室内,两位被试就坐于距放映屏幕约 2 m 的座椅上,确保被试能够清楚地看到视觉刺激,并且两位被试距离约 1 m,避免相互干扰。然后,研究人员向两位被试发放评价量表,并要求被试填写性别、年龄和所在年级等基本信息,再向被试讲解实验过程和评价量表的内容。解答完所有疑问后,要求被试分别佩戴头戴式监听级耳机,开始正式实验(图 4 - 2)。

图 4 - 2　儿童对声景的恢复性感知评价实验

　　在正式实验过程中,研究人员会首先通过情境描述的方式为被试营造一种压力和疲劳的场景。因为本实验是在期末考试后、暑假初期进行的,因此结合儿童的实际情况进行如下情境描述:"在刚刚结束的一个学期里,你非常努力地学习。现在期末考试刚刚结束,你还有很多家庭作业需要完成。但是你太累了,很难集中注意力写作业,而且你还非常担心自己的期末考试成绩。"这种场景营造的方法已经被很多研究证明是一种提高精神压力和心理疲劳的有效方法[156]。之后,研究人员为被试播放实验刺激,并要求他们想象自己置身其中,安静地体验当下的声景。播放实验刺激 10 s 后,被试可以继续体验,同时回答 PRSS-C 量表上的每个问题。大部分被试能够在 100 s 内完成问卷,但是各个年龄段儿童的认知能力不同,因此每个被试完成问卷的时间不同。当两位被试都完成问卷后,结束本次声景体验,并收回所答量表。一组实验结束后,要求被试休息 10 s,然后分发新的量表,并开始播放下一组实验刺激。每一组实验刺激的评价大约持续 2 min,实验流程如图 4 - 3 所示。

图 4 - 3　恢复性声音感知评价实验流程图

　　此外,由于儿童的注意力持续时间较短,同时也为了避免长时间实验造成儿童的认知疲劳和对实验的厌烦情绪,整个实验过程分为三个阶段,每个阶段持续时间不超过 20 min,每个阶段完成后被试有 15 min 的休息时间。综上,每个被试的实验大约持续 90 min。

4.2　儿童对不同声源类型的恢复性感知评价

　　声源类型是影响个体对声音感知的主要声学因素。本书从声源类型出发,通过对若干声源类型进行主观感知评价,探究教室和公园两种场景下儿童感知到的声景恢复性特质,并比较了不同声源类型的恢复性感知评价,最后进一步探讨了影响儿童对声景恢复性感知的声学因素和非声学因素。

4.2.1　实验方案

1. 实验对象

　　本研究的实验对象以 8 ~ 12 岁(二年级至六年级)的儿童为主,这个年龄段的儿童具有一定的识字能力,能够正确地理解实验任务,并迅速进行评价。本次实验选取了 36 名儿童作为被试(平均年龄为 10.03 岁,标准差为 1.42),每个被试分别在模拟教室和公园环境中对各个实验音进行感知评价。被试包括 19 名男孩和 17 名女孩,各个年龄段的人数比例均衡,每个年龄段 7 ~ 8 人。此外,每个年龄段至少由 3 名男孩和 3 名女孩组成,以进一步分析潜在的性别差异和年龄差异(表 4 – 2)。为了控制无关因素的影响,选取的被试在家庭情况(家庭成员组成、父母受教育水平等)方面基本保持相同,并且听力和视力均正常。

表 4 – 2　声源恢复性评价实验中被试的基本信息

被试		计数/个	百分比/%
性别	男孩	19	52.8
	女孩	17	47.2
年龄	8	7	19.4
	9	7	19.4
	10	7	19.4
	11	8	22.2
	12	7	19.4
合计		36	100

2. 实验音——声源类型

根据社会调查的结果,笔者从中选取了 16 种儿童熟悉和喜欢的声源类型作为实验音,其中包括 8 种自然声和 8 种城市声。自然声包括树叶沙沙声、海浪声、溪流声、鸟叫声、喷泉声、蛙鸣声、下雨声和蝉鸣声,城市声包括唱歌声、风铃声、交通声、脚步声、施工声、说话声、嬉闹声和音乐声(表 4 – 3)。划分自然声和城市声的原因有两个:一是人们日常听到的声音主要包括自然生物和气象产生的自然声及人类生产生活产生的城市声[157];二是自然声通常被认为对个体健康有积极作用,而城市声通常被认为对个体健康有消极作用[158]。通过比较儿童对自然声和城市声的主观评价,可以探究儿童对两种声音类别的恢复性感知是否有差异。

表4-3 声源类型恢复性感知评价实验音

分类	声源类型
自然声	树叶沙沙声、海浪声、溪流声、鸟叫声、喷泉声、蛙鸣声、下雨声、蝉鸣声
城市声	唱歌声、风铃声、交通声、脚步声、施工声、说话声、嬉闹声、音乐声

实验音通过两种方法获得:一是社会调查中录制的声音,录音使用具有双声道立体声麦克风的数字录音机进行录制,录制模式设置为16位和44100 Hz采样率。每种声音录制时长约5 min,然后从中提取不受其他声源影响的30 s音频进行后续的编辑。二是从网络声音数据库(Urban sound datasets)中下载,下载的音频通过音频编辑软件统一设置为16位和44100 Hz采样率,与录制声音保持一致。

为了控制声压级对实验结果的影响,本次实验采用统一的声压级。根据以往的研究结果,55 dB(A)是最合适的声压级,因为在这个声压级水平上,被试可以清晰地听到声音,同时不会感到吵闹[127]。因此,本实验通过1类声级计与头戴式耳机将16种声音信号归一化设置为55 dB(A),并且将每种实验音的播放时长设置为2 min,因为预实验表明2 min内被试即可完成实验任务。上述对实验音的编辑均通过音频编辑软件完成。在实验过程中,实验音仍然通过头戴式耳机进行播放,以保证实验音的准确输出。

在本次实验中,每个被试一共体验并评价了32个视听刺激(2种视觉场景×16种实验音)。为了最大限度地减少顺序效应所引起的实验误差,实验中对视觉和声音刺激的播放做了随机排序处理。对于视觉刺激,一半的被试首先体验小学教室图片,然后体验城市公园图片;另一半被试则恰恰相反。对于声音刺激,16种实验音随机播放。

3. 统计分析

实验数据通过SPSS 22.0进行统计分析,主要分为三个步骤:首先,为了探究儿童感知到的声景恢复性特质,通过因子分析对PRSS-C的16个项目进行降维。具体而言,在因子分析过程中通过主成分分析法和最大方差法来提取和确定潜在的主成分,即儿童感知到的声景恢复性特质[159]。其次,为了探索儿童在不同环境下感知到的潜在恢复性声源类型,基于16种声源类型的恢复性特质评价进行了层次聚类分析,并在此基础上对各个聚类进行了 Bonferroni 事后多重比较,以进一步分析每个声源类型的感知恢复性特质评价。最后,为了探究影响实验音感知恢复性的声学因素和非声学因素,通过非参数 Spearman 检验分析了实验音感知恢复性特质评价与其心理声学参数的关系,并使用非参数检验(Mann-Whitney U 检验和 Kruskal-Wallis 检验)进一步分析了儿童的年龄、性别及视觉场景对感知恢复性的影响。

4.2.2　实验结果

1.儿童感知到的声景恢复性特质

为了得到儿童感知到的各种声源的恢复性特质,研究人员分别对实验得到的总体评价、自然声评价和城市声评价进行了因子分析。因子分析的目的是根据原始变量间的相关性程度,将具有错综复杂关系的若干原始变量聚类成少数几个主要的因子变量,并进一步阐明这些变量间的内在关联结构。因此,因子分析的结果具有明确的信息量和较强的可解释性。在进行因子分析之前,首先需要检验这种分析方法对数据的适用性。本次数据分析采用了巴特利特球形度检验(Bartlett's Test of Sphericity)和 KMO(Kaiser-Meyer-Olkin)检验。分析结果显示,PRSS-C 问卷的巴特利特球形度检验结果 = 15 152. 78,相伴概率 $p < 0.001$,KMO 值为 0. 909(总体评价)、0. 904(自然声)、0. 901(城市声)。这表明该问卷具有足够的变量种类和样本量,比较适合做因子分析。

研究人员采用因子分析对总体问卷、自然声问卷和城市声问卷分别进行了结构分析。分析以16个项目作为单位,以主成分分析法(Principal components)作为因子提取方法,基于特征值(Eigenvalue)大于1的原则,采用最大方差法(Varimax-rotation method)作为因子旋转方法,得到各个变量的因子载荷。总体评价问卷的公共因子碎石图(Scree plot)如图4-4所示。碎石图的横轴是公共因子编号,纵轴表示特征值的大小,分析得到的公共因子按特征值从大到小依次排列。可以看出,碎石图中的第一个公共因子的特征值最大(大于8),前三个公共因子的散点位于陡坡上,其特征值均大于1,因此是需要考虑的主要公共因子。其余的公共因子散点形成了缓坡和平台,且特征值均小于1,说明作用较弱。

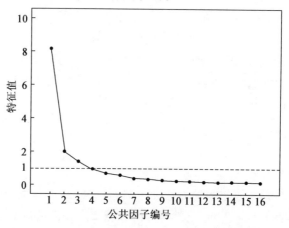

图4-4　总体评价问卷的公共因子碎石图

　　分析结果表明,无论是总体评价还是自然声与城市声的单独评价,最后都抽取了相同的三个公共因子,这些公共因子对原变量的信息描述有显著作用。这表明儿童主要从三个方面感知声景的恢复性,笔者将其分别命名为:吸引力(包括11个项目)、兼容性(包括3个项目)和一致性(包括2个项目)。然而,对于不同种类的声音,各个因子所占的比例有所不同:对于自然声和城市声的总体评价,这三个因子的累计贡献值达到了72.22%,其中吸引力占40.06%,兼容性占20.41%,一致性占11.75%;对于自然声,这三个因子的累计贡献值达到了72.06%,其中吸引力占40.56%,兼容性占19.36%,一致性占12.14%;对于城市声,这三个因子的累计贡献值达到了72.09%,其中吸引力占39.30%,兼容性占21.22%,一致性占11.57%。可以发现,在所有评价中,吸引力因子的贡献值都远远大于兼容性因子和一致性因子,因此其对儿童而言是恢复性声景最重要的特质,具体见表4-4。

表 4－4　儿童对不同声源类型的恢复性评价的因子分析

维度	条目	所有声音				自然声				城市声			
		1 (40.06%)	2 (20.41%)	3 (11.75%)	共同度	1 (40.56%)	2 (19.36%)	3 (12.14%)	共同度	1 (39.30%)	2 (21.22%)	3 (11.57%)	共同度
迷人	1	0.78	0.30	0.11	0.71	0.80	0.23	0.11	0.70	0.77	0.34	0.11	0.73
	2	0.79	0.24	0.16	0.71	0.81	0.22	0.17	0.73	0.78	0.24	0.16	0.69
	3	0.80	0.29		0.73	0.80	0.22	0.11	0.71	0.79	0.34		0.75
	4	0.69	0.32		0.59	0.69	0.33		0.59	0.69	0.31		0.57
	5	0.72	0.34		0.65	0.71	0.34		0.62	0.74	0.33	0.11	0.67
	6	0.76	-0.16		0.60	0.75	-0.11		0.58	0.74	-0.21		0.60
离开－去	7	0.79			0.63	0.78			0.60	0.79	-0.13	0.17	0.66
	8	0.70	0.27		0.57	0.74	0.24		0.61	0.66	0.28		0.52
	9	0.75	0.35		0.68	0.77	0.29		0.69	0.72	0.39		0.67
离开－从	10	0.75	0.39	0.15	0.73	0.76	0.32	0.15	0.70	0.75	0.43		0.75
	11	0.72	0.40	0.12	0.69	0.70	0.36	0.19	0.66	0.73	0.43		0.72

续表 4-4

维度	条目	所有声音				自然声				城市声			
		1 (40.06%)	2 (20.41%)	3 (11.75%)	共同度	1 (40.56%)	2 (19.36%)	3 (12.14%)	共同度	1 (39.30%)	2 (21.22%)	3 (11.57%)	共同度
相容	12	0.19	0.87	0.14	0.82	0.20	0.89		0.84	0.18	0.87	0.18	0.81
	13	0.17	0.89	0.17	0.85	0.16	0.90	0.19	0.88	0.18	0.88	0.15	0.82
	14	0.36	0.82	0.14	0.81	0.35	0.83	0.13	0.83	0.35	0.81	0.14	0.80
一致	15		0.15	0.93	0.90		0.15	0.93	0.90		0.15	0.92	0.88
	16	0.14	0.17	0.92	0.90	0.11	0.16	0.94	0.92	0.18	0.17	0.91	0.88

三个主因子所解释的恢复性维度各不相同,具体如下。

(1)吸引力是儿童感知到的声景最重要的恢复性特质,综合了成人感知到的三种恢复性声景特质:"迷人""离开－去"和"离开－从"。吸引力指环境声音的内容能够吸引儿童的兴趣,从而唤醒儿童的"无意注意",将儿童的思维从原本高度集中的"有意注意"中转移,最终得以消除认知疲劳,创造恢复性的体验。

(2)兼容性指声景与儿童的身心感受和行为习惯的相容性,声景的设置支持学龄儿童对声环境的期望,符合儿童心理和行为上的需求,因此儿童能够很快地习惯和适应声景的特征。在这样的环境中,儿童会体验到归属感和自在感,身心更加放松和自在。

(3)一致性指环境声音的类型特征符合当下视觉场景的功能设置,与周围的视觉场景能够协调一致。这种视听一致性意味着声景的恢复性体现在"有趣"但并不"奇怪",声音与场景"毫无违和感",因此儿童在这样的声景中感觉和谐而轻松。这个特质是声景所独有的,并且可以被学龄儿童感知。

综上可以看出,该结果与成人感知的声景恢复性特质及视觉环境的恢复性特质都有差异。首先,与 PRSS 量表的成年人恢复性声景感知评价相比,儿童感知到的声景恢复性特质截然不同。成年人对声景的恢复性感知是"迷人、离开－去、离开－从、相容、程度"五维度结构,儿童对声景的恢复性感知是"吸引力、兼容性、一致性"三维度结构。其中,成年人感知到的"迷人""离开－去"和"离开－从",从儿童的角度综合为声景的"吸引力"特质;成年人感知到的"相容"和"程度"则与儿童的感知评价相对应。其次,与经典的恢复性环境理论——"注意恢复理论"中的四维度恢复性结构相比,儿童感知的声景恢复性也有所不同。视觉环境的"离开""迷人"和"程度"与声景的"吸引力"相似;视觉环境的"相容"则与声景的"兼容性"相似,强调环境因素与个体需求的相容;而声景的"一致性"则是声景所独有的恢复性特质,表明环境声音与视觉环境的交互作用是恢复性声景不可或缺的一个特质。

2.具有潜在恢复性的声源类型

基于上述三个维度的声景恢复性特质,研究人员分别计算得到了各个声源类型的感知恢复性效果。Kolmogorov-Smirnov 检验显示,主观评价的原始数据不符合正态分布($p < 0.001$),因此采用非参数 Mann-Whitney U 检验来比较自然声和城市声的感知恢复性评价,如图 4 – 5 所示。结果表明,无论是在教室环境还是在公园环境中,大部分自然声的感知恢复性显著高于城市声,具有正向的恢复性评价,如鸟叫声和溪流声,这与以前的研究结果一致[120]。但是在城市声中,音乐声、唱歌声和风铃声同样具有正向的恢复性评价,而且其恢复性评价比大多数自然声更好。因此,简单地把环境声音分为自然声和城市声两类是不恰当的,环境声音应根据其感知恢复性特质在不同的环境中进行进一步分类。

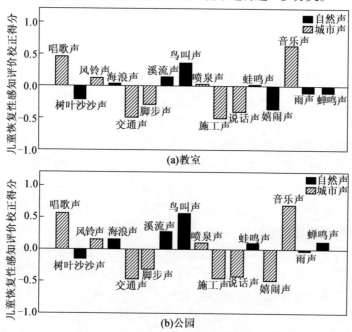

图 4 – 5　各种声源的恢复性感知评价

　　为了更具体、更有效地指导儿童生活环境的声景设计,研究人员通过层次聚类分析(Hierarchical Cluster Analysis)对 16 种实验音分别在教室和公园两种场景下进行进一步分类。根据不同环境声音恢复性评价的欧氏距离平方(Squared Euclidean Distance),将 16 种环境声音在两种场景下分别分为四类。在教室场景中,大多数自然声聚集在类别 1 中,而城市声则进一步分为类音乐声、语言声和人工声三类,如图 4 – 6(a)所示;在公园中,自然声进一步分类为一般自然声和生物声两类,而城市声则细分为类音乐声和一般城市声两类,如图 4 - 6 (b)所示。

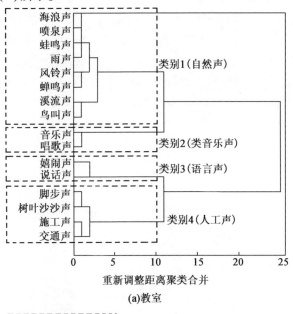

(a)教室

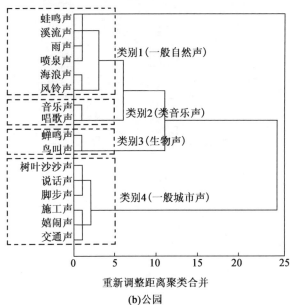

(b)公园

图 4 - 6　教室和公园中声源的聚类分析树状图

通过对以上声音类别的各个感知恢复性特质评价计算均值,并进行事后多重比较(图4-7),可以发现,在教室环境中,类音乐声(类别2)在吸引力和兼容性上评价最高,其次是自然声(类别1)。语言声(类别3)的一致性评价最高,而人工声(类别4)在三种特质上都评价最低;在公园环境中,类音乐声(类别2)和生物声(类别3)具有最高的恢复性评价。然而,生物声的一致性评价显著高于类音乐声,表明鸟叫声和蝉鸣声等生物声与公园的自然环境最为和谐。一般自然声(类别1)的三种恢复性特质评价都较低,一般城市声(类别4)则评价最差。

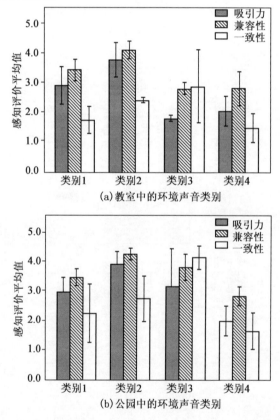

图4-7 教室和公园中各个声音类别的恢复性效果

此外,值得注意的是,三种恢复性特质评价之间也有显著差异。各个声源类别的兼容性评价普遍高于吸引力和一致性评价。但是在两种场景下,类别 3 的一致性评价都是最高的,这意味着声音和视觉环境的一致性对于类别 3 是最重要的恢复性特质。具体而言,语言声(嬉闹声和说话声)与教室环境最为和谐融洽;生物声(蝉鸣声和鸟叫声)与公园环境最为和谐融洽。

为了进一步探索各个声源类型的感知恢复性评价,研究人员将16 种声源的各个特质评价绘制成二维坐标系。如图 4 – 8 所示,在教室环境中,儿童认为音乐声和唱歌声是最具恢复性的声音,而施工声和交通声则是恢复性最差的声音。其中,音乐声是吸引力和兼容性评价最高的声音,嬉闹声是与环境一致性最高的声音。如图 4 – 9所示,在公园环境中,音乐声和唱歌声同样是恢复性评价最高的声音,而大多数城市声(如施工声)都是恢复性评价最差的声音。与教室一样,音乐声同样是最具吸引力和兼容性的声音,而鸟叫声和蝉鸣声则是与公园环境一致性最高的声音。

通过上述实验结果可以看出,儿童感知的恢复性声景与成年人感知的恢复性声景有所不同,尤其是在建成环境中。对于儿童而言,音乐声和唱歌声等城市声被认为是教室场景中最具潜在恢复性的声音,而以往研究表明,成年人在建成环境中通常更喜欢自然的声音[112,113]。当然,对于儿童来说,自然声仍被认为比大多数常见的城市声更具潜在恢复性。因此,在学校教室中应采取措施添加音乐声、唱歌声和大多数自然声,而其他城市声(如交通声和施工声)则应尽可能地控制和减少。在城市公园中,儿童感知的潜在恢复性声音与教室中的声音非常一致。但是,在两种场景下,最具一致性的声源类型是完全不同的。在教室中,与视觉场景最一致的声音是说话声和嬉闹声,但是它们的吸引力和兼容性较差,总体恢复性评价也较差;在公园中,自然声(如鸟叫声和蝉鸣声)不仅表现出最高的一致性,而且表现出极高的吸引力和兼容性。由此可见,声源与视觉环境的一致性在不同场景下有较大差异,这主要是因为不同场景下的功能要求和环境特征差异较大,这一结果进一步证实了场所因素对于声景感知的重要性。此外,结果也表明了吸引力、兼容性和一致性对于儿童恢复性声景是缺一不可的。

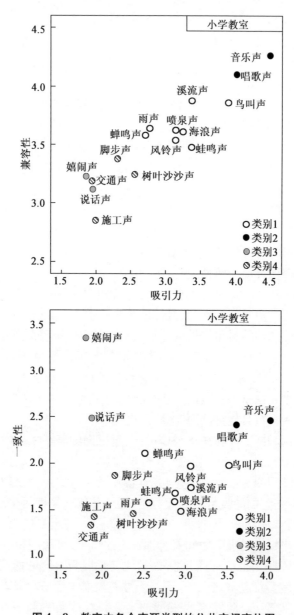

图4-8　教室中各个声源类型的公共空间定位图

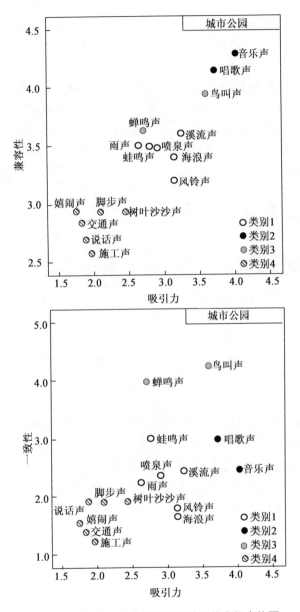

图 4 - 9　公园中各个声源类型的公共空间定位图

3. 儿童对声源类型恢复性感知评价的影响因素

　　为了探索儿童对声源类型恢复性感知评价的影响因素，笔者将从声景框架的三个方面入手进行分析：首先在声音层面上，考虑声源的心理声学特征;其次在场所层面上,考虑教室和公园的场景差异性;最后在个体层面上,考虑年龄和性别对感知评价的影响。

心理声学特征对于声景的感知具有重要作用[160]。为了探索影响儿童感知恢复性的心理声学特征,研究人员通过 Artemis 软件(HEAD acoustics)分别对各个实验音样本(30 s)的心理声学特征进行了分析,包括响度(Loudness)、波动强度(Fluctuation strength)、尖锐度(Sharpness)、粗糙度(Roughness)和音调感(Tonality)[161]。响度表示声音能量的强弱程度,是一个非常重要的声音感知特征指标。在心理声学中,通常用 1 kHz 的纯音作为标准声音。响度使用单位宋(Sone)来度量,并定义 1 kHz、40 dB 的纯音具有的响度为 1 宋。尖锐度描述了声音品质评价中的音色特征,以 acum 为单位。声音的尖锐度主要体现在其频谱成分中高频成分的分量,反映声音的刺耳程度。由于人耳对高频声比较敏感,因此尖锐度越高给人的感觉就越刺耳。粗糙度和波动强度描述声音信号由于周期性的时域变化所引起的主观听感:低频变化产生波动强度,高频变化产生粗糙度。通常来说,以 20 Hz 为波动强度和粗糙度的界限。音调感表征声音是由某一频率的音调成分构成还是由宽带噪声组成。

16 种声源类型的心理声学指标见表 4 - 5。在响度上,交通声、海浪声、树叶沙沙声的响度较大,而蛙鸣声、鸟叫声、风铃声的响度较小;在波动强度上,蝉鸣声、喷泉声、雨声、海浪声的波动强度较小,而音乐声、鸟叫声、脚步声的波动强度较大;在尖锐度上,风铃声和蝉鸣声的尖锐度较大,而音乐声、唱歌声、说话声的尖锐度较小;在粗糙度上,脚步声和溪流声的粗糙度较大,而鸟叫声和风铃声的粗糙度较小;在音调感上,音乐声、唱歌声、风铃声的音调感较强,而溪流声、海浪声、雨声的音调感较弱。

表 4 - 5　16 种声源类型的心理声学指标

声源类型	响度 /sone GF	波动强度 /vacil	尖锐度 /acum	粗糙度 /asper	音调感 /tu
唱歌声	10.70	0.022 8	1.11	0.85	0.632 0
树叶沙沙声	11.80	0.006 3	1.64	1.67	0.039 0
风铃声	4.96	0.012 8	3.47	0.24	0.475 0

续表 4 - 5

声源类型	响度 /sone GF	波动强度 /vacil	尖锐度 /acum	粗糙度 /asper	音调感 /tu
海浪声	12.30	0.005 0	1.66	1.60	0.021 6
交通声	15.30	0.010 4	1.33	1.46	0.059 4
脚步声	10.00	0.054 2	1.72	2.27	0.018 2
溪流声	7.21	0.030 4	1.76	2.25	0.007 6
鸟叫声	4.33	0.054 2	1.86	0.15	0.012 6
喷泉声	7.99	0.004 2	1.96	1.63	0.026 2
施工声	5.42	0.027 7	1.45	1.12	0.045 1
说话声	10.20	0.035 4	1.14	1.29	0.088 8
蛙鸣声	3.19	0.008 1	1.78	0.39	0.027 9
嬉闹声	9.12	0.019 7	1.47	1.32	0.157 0
音乐声	8.67	0.054 7	1.04	0.78	0.708 0
雨声	7.52	0.004 6	1.98	1.51	0.022 7
蝉鸣声	6.29	0.002 7	2.37	0.50	0.032 6

　　通过 Spearman 相关分析得出,声音的恢复性感知评价与波动强度和尖锐度呈正相关,与响度和粗糙度呈负相关,与音调感没有显著相关性(表 4 - 6)。这表明,波动强度和尖锐度越大的声音对儿童的恢复性效果可能越好,而响度和粗糙度越大的声音恢复性效果可能越差。但是,与心理声学特征相比,声源类型本身的影响可能更大。本研究中只有 16 种声源类型,而且各不相同,因此,声音的心理声学指标与恢复性的关系应该通过更多声源类型的声音样本或同一种声源类型但具有不同其他声学特征的声音样本进行深入的研究和验证。

表 4 - 6 声景恢复性特质与心理声学指标的相关关系

声景恢复性特质	心理声学指标				
	响度	波动强度	尖锐度	粗糙度	音调感
吸引力	-0.14**	0.08**	0.06*	-0.19**	-0.01
兼容性	-0.06	0.05	0.01	-0.10**	0.00
一致性	-0.14**	0.06	0.06*	-0.19**	0.02

注：* 和 * * 分别表示在 0.05 和 0.01 水平上有显著差异。

　　另外，研究人员通过非参数检验分析了儿童的个人社会特征（即年龄和性别）及其视觉场所对其恢复性感知的影响（表 4 - 7）。结果表明，儿童对声景的吸引力和兼容性两个维度的感知在性别之间有显著差异。同样，不同年龄段之间在声景吸引力、兼容性和一致性方面也存在显著差异。此外，声音的视觉场所对儿童在一致性维度的恢复性感知有显著影响，但在吸引力和兼容性上没有显著作用。

表 4 - 7 儿童的性别、年龄和视觉场所对其恢复性感知的影响

声景恢复性特质	性别	年龄	视觉场所
吸引力	0.00**	0.00**	0.42
兼容性	0.00**	0.00**	0.47
一致性	0.94	0.03*	0.00**

注：* 和 * * 分别表示在 0.05 和 0.01 水平上有显著差异。

　　综上所述，儿童对声景的恢复性感知与声景的波动强度、清晰度、响度和粗糙度之间存在显著的相关性。这表明可以在一定程度上利用心理声学参数预测声景的恢复性潜力。尽管仍然需要对更多声音样本进行进一步验证，但这项实验丰富了现有的研究结果，并为进一步探索心理声学参数对声音恢复性的影响机制提供了一定的理论基础。此外，实验结果还表明，儿童对声景的恢复性感知受其性别、年龄及视觉场所的影响很大。因此，未来的儿童声学环境设计应考虑儿童个体特征的差异性。

4.3　儿童对不同信噪比的恢复性感知评价

本书以信噪比为主要研究对象,探讨儿童对不同信噪比的恢复性感知评价。信噪比的概念强调了背景噪声的重要性,这是因为无论是教室还是公园环境,背景噪声是不可避免的,而且不同功能场所中背景噪声的声源组成和声压级各不相同。因此,恢复性声景的研究与应用必须在原有背景噪声的基础上才有现实意义。本研究的目的是指导如何添加具有潜在恢复性的声景,而不是如何控制背景噪声水平,因此研究思路是:假设背景噪声的声压级满足现有的标准规范,那么添加主导声源时最具潜在恢复性的信噪比是多少?

4.3.1　实验方案

1.实验对象

本研究的实验对象仍然以 8~12 岁的儿童为主。由于教室和公园的背景噪声不同,因此本研究仍在教室和公园两种场景下进行主观评价实验。但是,为了控制实验时长,每个被试仅在一种场景下进行声景体验与评价。每种场景分别招募了至少 30 名儿童作为被试(平均年龄为 10.21 岁,标准差为 1.18)。信噪比恢复性评价实验中被试的基本信息见表 4-8。

表 4-8　信噪比恢复性评价实验中被试的基本信息

被试		教室		公园		合计	
		计数/人	百分比/%	计数/人	百分比/%	计数/人	百分比/%
性别	男孩	14	46.7	13	41.9	27	44.3
	女孩	16	53.3	18	58.1	34	55.7
年龄	8	5	16.7	5	16.1	10	16.4
	9	11	36.7	6	19.4	17	27.9
	10	3	10.0	7	22.6	10	16.4

续表 4-8

被试		教室		公园		合计	
		计数/人	百分比/%	计数/人	百分比/%	计数/人	百分比/%
年龄	11	6	20.0	10	32.3	16	26.2
	12	5	16.7	3	9.7	8	13.1
合计		30	100	31	100	61	100

2. 实验音——信噪比

信噪比的概念包含了主导声源和背景噪声两种潜在的声学元素。因此,本实验中的实验音是将单一的主导声源与背景噪声进行合成得到的。

主导声源选取了最具潜在恢复性的声源类型。如图 4-5 所示,在教室和公园场景下具有正向恢复性的声源类型几乎是完全一致的,依次是:音乐声、唱歌声、鸟叫声、溪流声、风铃声、海浪声、喷泉声、蛙鸣声。此外,根据声音的易添加性及普适性,本实验剔除了不易添加的海浪声、具有季节性且普适性较差的蛙鸣声及研究意义较低的唱歌声,最终选取了 5 种主导声源:音乐声、鸟叫声、溪流声、风铃声、喷泉声。其中,音乐声选取了儿童普遍熟知的古典钢琴乐 *Souvenirs d'enfance* 的片段,这是一段柔和而放松的纯音乐,没有歌词。其他主导声源与第 4.2 节所用实验音相同,是研究者现场录制的。具体而言,鸟叫声是在天津市的一个公园里录制的,包括麻雀和其他几种鸟类的叫声;喷泉声也是在一个喷泉旁现场录制的,它是由向上喷射的水柱和沿着喷泉台面四周流下的水帘产生的;溪流声则是在一个缓缓跌落、曲折流淌的溪流式水景旁录制的;风铃声由一串不规则的悬挂式铜制风铃产生。除了音乐声是连续的 2 min 音频,其他 4 种声音都是将一段 30 s 的声音样本合成 2 min 音频。

背景噪声是根据场景特征及相关标准规范确定的:小学教室的背景噪声是在上课期间(门窗关闭,设备开启,要求学生安静)录制的,录音中包括教室内的设备噪声、偶尔的活动声、教室外操场上的体育活动声和走廊上的吵闹声等。此外,背景噪声的声压级根据国家标准《民用建筑隔声规范》中的相关规定,设为普通教室的噪声限值 45 dB(A)[148]。城市公园的背景噪声也是在社会调查期间录制的,录音地点选取在临近多种活动空间的地方,以尽可能涵括更多背景声源,如人们的谈笑声、儿童的嬉闹声、背景音乐及远处的城市交通噪声。公园背景噪声的声压级根据《天津市〈声环境质量标准〉适用区域划分》中的 1 类功能区要求确定,昼间环境噪声限值为 55 dB(A)[146]。教室和公园的背景噪声都是将 30 s 录制的声音样本合成 2 min 音频。

根据主导声源的清晰度要求和整个实验音声压级的舒适度要求,实验音信噪比范围设置为 – 5 ~ 15 dB,变化步长为 5 dB,共有 5 种信噪比。相应的,教室中 5 种主导声源的声压级为 40 ~ 60 dB(A),公园中 5 种信号声的声压级为 50 ~ 70 dB(A)。然后将主导声源与背景噪声进行同步合成。上述所有声音的编辑和合成均通过音频编辑软件进行。在实验过程中,实验音仍然通过头戴式耳机进行播放,以保证实验音的准确输出。

在本次实验中,教室和公园中各有 25 种实验音(5 种声源×5 种信噪比,如图 4 – 10 所示),并各有 1 段背景噪声作为对照组,一共 26 段声音刺激。为了最大限度地减少顺序效应所引起的实验误差,实验中 26 种实验音随机播放。

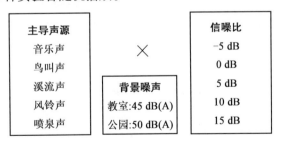

图 4 – 10　信噪比恢复性感知评价实验音

3. 统计分析

实验数据通过 SPSS 22.0 进行统计分析,以探索不同信噪比的恢复性评价及其他影响因素。各个实验音的总体恢复性评价根据 PRSS-C 量表 16 个项目的均值计算得出。非参数单样本 Kolmogorov-Smirnov 检验结果表明,声景的总体恢复性评价呈正态分布,因此后续采用参数分析的方法,主要分为两个步骤:首先,为了探究信噪比是否对儿童对声景恢复性感知具有显著影响,采用了单因素方差分析,同时以效应量(η^2)比较了声源类型、信噪比、年龄、性别等因素的效应大小。然后,通过 Bonferroni 校正的事后多重比较探索了每个自变量不同水平下声景的感知恢复性效果,研究每个因素对儿童感知恢复性的具体影响。

4.3.2　实验结果

单因素方差分析结果表明,无论是在小学教室还是在城市公园场景下,声源类型和信噪比都对儿童的恢复性感知评价有显著影响($p<0.01$)。同时,效应量(η^2)表明,声源类型对恢复性评价的影响比信噪比的影响大。通常来讲,η^2 作为衡量方差分析所进行的假设检验后的效果大小指标时,衡量其大小的标准分别为:小效应,$\eta^2<0.06$;中等效应,$0.06\leqslant\eta^2<0.14$;大效应,$\eta^2\geqslant0.14$。可见,声源类型对于声景恢复性感知是中等效应要素,而信噪比对声景恢复性感知的效应量很小。此外,声源和信噪比对儿童的恢复性声景感知没有显著的交互作用。尽管效应量较小,但儿童的年龄对声景的恢复性感知有显著的影响。各个因素对儿童感知恢复性影响的方差分析见表4-9。

表4-9　各个因素对儿童感知恢复性影响的方差分析

自变量	自由度	小学教室			城市公园		
		F	p	η^2	F	p	η^2
声源类型	4	18.87	0.000**	0.092	26.93	0.000**	0.065
信噪比	4	5.29	0.000**	0.027	8.41	0.000**	0.021

续表 4 - 9

自变量	自由度	小学教室			城市公园		
		F	p	η^2	F	p	η^2
性别	1	1.56	0.213	0.002	1.54	0.216	0.001
年龄	1	3.21	0.013*	0.017	6.75	0.000**	0.017
声源类型×信噪比	16	0.75	0.744	0.016	1.10	0.351	0.011

注：* 和 * * 分别表示在 0.05 和 0.01 水平上的显著性。

　　对于不同的声源类型，教室和公园两种场景下的多重比较结果一样。儿童对音乐声的恢复性评价最高，与其他 5 种实验音有显著差异；其次是鸟叫声、溪流声、喷泉声和风铃声，这 4 种实验音的恢复性评价没有显著差异；儿童对背景噪声的恢复性评价最低（图4 - 11）。这与声源类型主观实验的结果基本一致。

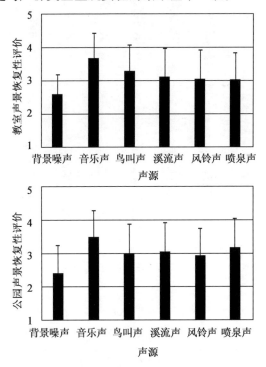

图 4 - 11　儿童对不同声源类型的恢复性感知评价

对于不同的信噪比,教室和公园两种场景下的多重比较结果也一样。5 种合成的实验音都比对照组(背景噪声)的恢复性评价高。此外,由于信噪比是连续变量,因此研究人员对信噪比和恢复性感知评价进行了 Pearson 相关分析。结果表明,5 种信噪比与恢复性评价之间存在显著的相关关系(教室环境 Pearson correlation =0.128, $p <$ 0.001;公园环境 Pearson correlation =0.121, $p < 0.001$)。如图 4 – 12 所示,无论是在教室还是在公园中,儿童对声景的恢复性感知评价都随着信噪比的增加而增加。信噪比为 5 dB 时,儿童的恢复性评价达到最高,但从信噪比为 15 dB 时开始呈现下降态势。

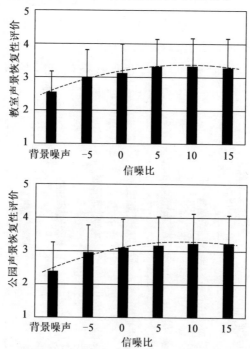

图 4 – 12 儿童对不同信噪比的恢复性感知评价

此外,不同年龄的儿童在声景恢复性评价上也有显著差异。由于年龄是连续变量,因此研究人员对年龄和恢复性感知评价进行了 Pearson 相关分析。结果表明,年龄段与恢复性评价之间存在显著的相关关系(教室环境 Pearson correlation =0.120, $p < 0.001$;公园环

境 Pearson correlation = −0.072，p < 0.005）。在教室环境中，随着年龄的增加，儿童对教室声景的恢复性感知评价逐渐升高，如图 4 − 13（a）所示，这表明在教室场景下，声景对年龄越大的儿童的恢复性作用可能越大。另外，在公园环境中，随着年龄的增加，儿童对公园声景的恢复性感知评价先降低后升高，10 岁的儿童的恢复性感受最差，如图 4 − 13（b）所示。

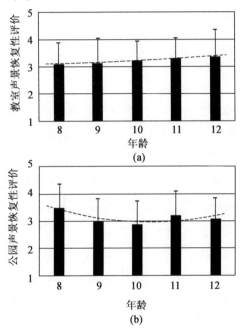

图 4 − 13　不同年龄的儿童对声景的恢复性感知评价

4.4　小结

本章通过实验室主观评价的方法探究了儿童对于不同声源类型和不同信噪比的恢复性感知评价，可以得出以下结论。

（1）儿童对声景的恢复性感知主要体现为三个方面：吸引力、兼容性和一致性。

（2）对于声源类型，教室中最具恢复性潜力的声源是类音乐声，如音乐声和唱歌声;公园中最具恢复性潜力的声源除了类音乐声,还有生物声,如鸟叫声和蝉鸣声。

(3)关于信噪比,当信噪比在 −5 dB 至 +15 dB 范围内时,儿童对复合声源的恢复性评价逐渐升高,在 5 dB 信噪比上达到最高。

(4)无论是教室还是公园场景下,不同声源类型和信噪比都会对儿童的恢复性感知产生显著影响,而声源类型仍然是影响儿童恢复性评价的主要因素。

(5)儿童感知的声景恢复性与声景的响度、波动强度、尖锐度、粗糙度等心理声学指标有显著相关关系,同时还受到性别、年龄、视觉场所等非声学因素的影响。

对于本章的研究结果,应注意以下问题。首先,这是一项利用照片模拟学校教室和城市公园环境的实验室研究,尽管视听环境的沉浸感较差,但是通过在实验室环境中严格控制变量,本研究在因果关系上较为严谨地证实了声景元素对学龄儿童的恢复性潜力。其次,本实验研究侧重于儿童对声景恢复性的主观评价,而不是研究声景对学龄儿童的实际恢复效果。后续将通过进一步的实证研究来确定声景的注意恢复和压力缓解作用。最后,由于本研究的主要目的集中在声源类型和信噪比对儿童声景恢复性感知的影响上,因此对其他声学因素(如心理声学指标)、个体因素、场景因素等只进行了较为简单的分析。研究结果表明,声景对儿童恢复性感知的影响因素非常复杂,因此,在儿童生活环境的优化设计中需要考虑视觉场景、目标群体特征等其他因素的影响,有必要进行进一步的研究以确定其他因素是如何影响儿童感知到的声景恢复性的。

第5章 声景对学龄儿童注意 恢复作用的实验研究

恢复性环境的主要理论之一是 Kaplan 夫妇提出的"注意恢复理论"。研究表明,森林、公园等自然环境有助于缓解认知疲劳,促进注意恢复。儿童的注意力等认知能力处于快速形成和发展阶段,儿童学习场所中的各种声景,是会促进他们注意能力的恢复,有利于认知的健康发展?还是会带来额外的干扰,加剧有意注意的消耗?第4章探究了教室场景中对学龄儿童具有潜在恢复性的声景,但是这些声景是否对儿童具有实际的注意恢复作用?不同声景的恢复作用程度是否有差异?这些问题都需要深入地研究和验证。

本章将通过实验室方法验证不同声景对儿童注意疲劳的恢复性作用,以此探究对儿童认知能力具有实际恢复性作用的声景元素、特征及影响因素。研究结果将为儿童学习场所声环境的优化设计提供理论基础和崭新视角。

5.1 儿童注意恢复的测量指标

恢复性理论研究表明,"恢复"的前提是个体处于"消耗"状态,强调个体身心从负面状态向自然状态的回归过程[9]。因此,为了验证声景的实际恢复性作用,本研究采用前后对照的研究设计,首先采取疲劳引诱措施对被试进行注意消耗,然后分别测量被试在声景体验前后的注意水平,以此探究被试的注意能力是否从"消耗"状态恢复到"正常"状态,甚至有所提升。

基于注意恢复理论,以往的研究采用了各种指标方法来测试环境因素对个体的注意恢复作用,如持续注意力测试、数字广度记忆任务、注意网络测验等,但是目前对于哪种方法和指标能够有效地测试个体的注意恢复还没有统一的认定[162]。第 2.2 节理论研究表明，学龄儿童正处于从初级认知能力到高级认知能力的具体运算阶段。注意力、记忆力等初级认知过程是计算能力、思维能力等高级认知过程的前提和基础[163]。因此，本研究将从较为简单的儿童认知能力出发，以持续注意力和短时记忆力为注意恢复的测量指标，对声景的实际恢复性作用进行实验研究。

5.1.1　持续注意力

在本实验研究中，持续注意反应测试（Sustained Attention Response Test，SART）用于测试儿童注意力的变化，这一方面是因为 SART 符合"注意恢复理论"中强调的"有意注意"的定义，能够有效地反应"有意注意"对工作效率和抑制能力的影响[164]；另一方面是因为 SART 已经被广泛应用于注意恢复理论的实验验证[165]。SART 是一种基于计算机的任务程序，要求被试对非目标数字进行快速反应，同时，对随机出现的目标数字及时抑制反应。原版的针对成人的 SART 包括 1 至 9 共 225 个数字，其中 25 个数字是目标数字"3"，其他为非目标数字。整个测试时间为 4.3 min[164]。

考虑到儿童的注意力持续时间比成人短，研究人员对原版 SART 程序进行了适当修改，以适合儿童进行操作。修改的 SART 程序包括 1 至 9 共 135 个数字，有 15 个目标数字"3"和 120 个非目标数字（"3"除外）。本测试使用 MATLAB 进行编程，并在实验过程中执行 SART，数字出现间隔为 1 125 ms，每个数字在屏幕上持续显示 250 ms 后消失。预实验表明，学龄儿童可以较好地理解实验任务并顺利完成实验程序。

实验测试中被试的任务是：每次看到非目标数字时，需要快速按空格键；但是，当目标数字"3"出现时，尽量避免按空格键。整个测试时间为 2.5 min，实验程序界面如图 5 - 1 所示。

在该项测试任务中可以获得两个指标：①反应时间。被试对非目标数字的平均反应时间（单位：ms），表示被试的反应速度。②反应错误。被试在呈现目标数字时错按空格键的次数（单位：次），表示被试的反应抑制能力。这两个指标的分数越高，表明被试的认知表现越差。值得注意的是,测试开始前要求被试尽量兼顾反应速度与正确率。

图 5 - 1　SART 测试程序界面示意图

5.1.2　短时记忆力

在本实验研究中,数字记忆广度测试用于测试儿童短时记忆力的变化。大量研究表明,数字记忆广度测试可以作为儿童认知能力测量的有效方法[166]。数字记忆广度测试分为正背数字广度(Digit Span Forward, DSF)和倒背数字广度(Digit Span Backward, DSB)两种。研究认为,DSF 和 DSB 涉及的记忆过程明显不同。DSF 更多地用来测试短时记忆,而 DSB 的认知过程更加复杂,常用来测试工作记忆缺陷[166]。鉴于本实验的目的是从较为简单的认知能力出发,验证声景对儿童短时记忆力的恢复性作用,因此最终采用 DSF 作为实验任务。

在 DSF 任务期间,通过实验程序向被试呈现一系列数字(如"836"),数字出现间隔为 45 ms。数列呈现完毕,要求被试立即按数字呈现顺序进行回忆和复述。如果他们正确地按顺序复述所有数字,就继续呈现下一个更长的数列(如"9247")。数列的数字个数每次增加一个。如果被试没有正确地回忆并复述数列,就再次呈现相同数字长度的另一个数列,直到被试连续两次都未成功复述某一长度数列结束。正背数字广度实验材料示例见表 5 - 1,为了避免练习效应,被试每次测试数列都不相同。

表 5 - 1　正背数字广度实验材料示例

数字长度	数列 1	数列 2	数列 3
3 位	591	756	582
	239	620	694
4 位	7601	4839	6432
	4937	8416	7286
5 位	67034	45932	42731
	87014	92867	68753
6 位	734601	806713	619473
	140265	860854	392487
7 位	6598420	2807963	5917428
	7960214	1025792	4179386
8 位	84015742	25970627	58192647
	57396269	58028926	38295174
9 位	273659290	182620502	275862584
	841760292	143597283	713942568
10 位	6138576231	7196578604	5274913746
	1598723732	5024913678	4725916253
11 位	94341835649	39016389156	41638246359
	81906451296	20482659302	36149751427
12 位	249653495625	102938475673	749613596825
	689032568147	735648290185	694719742592
13 位	7526093231768	9472901735718	4916490167492
	2180467912357	3632086290475	9638256192406

在该实验任务中,被试能够记忆复述的最长数列的数字长度即为被试的短时记忆力成绩。分数越高,表明被试的短时记忆力越好。

5.2　研究方法

5.2.1　实验被试

本研究先后进行了两个实验,分别验证声景对儿童持续注意力和短时记忆力的恢复性作用。共有 91 名 8～12 岁的儿童被招募参与本研究。其中,46 名儿童(平均年龄为 10.25,标准差为 1.33)参加实验一(持续注意力),45 名儿童(平均年龄为 10.31,标准差为 1.40)参加实验二(短时记忆力)。被试通过社交媒体和雪球抽样方法从天津市的各个小学招募,并且所有被试的听力和视觉都正常。

为了研究个体因素对儿童认知恢复的影响,研究人员将被试根据各个特征重新进行分组。变量"年龄"被分为三组:7～8 岁、9～10 岁和 11～12 岁。反应错误的基准水平分为两个等级:较少(≤9)和较多(≥10)。反应时间的基准水平分为三个等级:快速(<450)、中等(450～500)和慢速(>500)。记忆广度的基准水平分为两个级别:较短(≤9)和较长(≥10)。这样分组的目的是使每组的样本量基本一致,以便进行后续比较分析。参与注意恢复实验的被试基本情况见表 5－2。

表 5－2　参与注意恢复实验的被试基本情况

被试	特征	实验一	实验二
性别	男	23	22
	女	23	23
年龄	7～8	14	14
	9～10	16	15
	11～12	16	16
基准水平 (反应错误)	≤9	22	
	≥10	24	
基准水平 (反应时间)	<450	18	
	450～500	13	
	>500	15	

续表 5 – 2

被试	特征	实验一	实验二
基准水平	≤7		23
（记忆广度）	≥8		22
总计		46	45

5.2.2　实验刺激

小学教室是儿童认知发展教育的主要学习场所,因此关于儿童注意恢复验证的实验在模拟教室环境中进行。为了模拟完整而真实的教室场景,并避免实验室中的其他噪声干扰,本研究采用了沉浸式虚拟现实技术(Virtual Reality, VR)。这一技术可以同时模拟环境的视觉和听觉特征,增加环境浸入感和临场感。在恢复性环境的相关研究中,虚拟现实技术已经被广泛使用,并且许多研究已经表明,虚拟现实技术可以有效地呈现视听交互体验,诱发个体的认知状态和压力反应变化[167 – 169]。在本实验中,教室的 VR 全景图片在天津大学附属小学内拍摄(典型的小学教室环境),如图 5 – 2 所示。

图 5 – 2　注意恢复实验中模拟教室环境所用全景图

拍摄设备采用全景相机,相机由环绕的 6 个摄像头组成。拍摄时将相机放在教室中间的三脚架上,距离地面 1.0 m,以模拟儿童坐在座位上的视角高度。在实验中,教室的全景图片通过 VR 头戴式显示器(HMD)播放。教室全景图片的拍摄与播放设备如图 5 – 3 所示。

图 5 – 3　注意恢复实验中教室全景图片的拍摄与播放设备

　　本研究的实验音根据第 4 章中儿童的恢复性感知评价确定,选取最具有恢复性潜力的声源类型(音乐声、鸟叫声、溪流声、风铃声、喷泉声)和信噪比(5 dB)。小学教室的背景噪声根据《民用建筑隔声规范》中的相关规定,设置为 45 dB(A)。相应的,具有潜在恢复性的主导声源的声压级设置为 50 dB(A),主导声源分别与背景噪声合成 5 种实验音,教室背景噪声本身作为第 6 种实验音,也是对照组。另外,增加了安静环境作为第 7 种实验音。安静环境即没有任何添加声音下的消声室的声环境,声压级约为 22 dB(A)。增加安静环境作为实验刺激的原因是,这是一种被广泛证明具有潜在恢复性的声环境,可以用于探究通过降噪手段是否也可以起到有效的恢复性作用。

综上,本次实验一共包括 7 种实验音,各个实验音的频谱图如图 5-4 所示。音乐声、溪流声、喷泉声和背景噪声的频谱相似,低频带的声压级较低,中高频的声压级较高;鸟叫声和风铃声的频谱相似,波动较大,中低频的声压级非常低,高频 2 000 Hz 至 4 000 Hz 较高;安静环境的频谱变化最小,在全频带上的声压级都很低。

此外,由于声景的感知评价与其心理声学特征有相关关系[170,171],因此研究人员分别分析了主导声源的心理声学特征和主导声源与背景噪声合成后的声景的心理声学特征。主导声源和合成声景的心理声学指标见表 5-3,本研究重点关注合成声景的心理声学特征。根据第 4.3 节,信噪比为 5 dB 的 6 种实验声景的恢复性感知评价得分从高到低依次为:音乐声、鸟叫声、溪流声、喷泉声、风铃声、背景噪声。其中,音乐声的特征是响度和波动度较大,尖锐度较小;鸟叫声的特征是响度和粗糙度较小,波动度较大;溪流声的特征是响度和粗糙度较大;喷泉声的特征是响度和粗糙度较大,波动强度较小;风铃声的特征是尖锐度较大,响度和粗糙度较小。

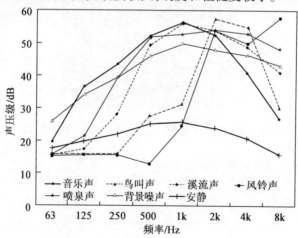

图 5-4　教室环境中各实验音频谱图

表 5 – 3 主导声源和合成声景的心理声学指标

	响度/sone GF		波动强度/vacil		尖锐度/acum		粗糙度/asper		恢复性评价
	主导声源	合成声景	主导声源	合成声景	主导声源	合成声景	主导声源	合成声景	合成声景
音乐声	8.54 (1.65)	14.80 (2.27)	0.058 (0.043)	0.046 (0.024)	1.31 (0.25)	2.05 (0.30)	0.74 (0.24)	1.53 (0.36)	3.71 (0.72)
鸟叫声	4.30 (1.23)	11.50 (2.11)	0.058 (0.044)	0.040 (0.022)	2.66 (0.60)	2.41 (0.33)	0.17 (0.22)	1.60 (0.43)	3.43 (0.78)
喷泉声	7.92 (0.29)	13.00 (1.30)	0.005 (0.006)	0.012 (0.011)	2.76 (0.06)	2.79 (0.15)	1.61 (0.10)	1.92 (0.25)	3.29 (0.80)
风铃声	5.10 (1.90)	12.00 (2.10)	0.013 (0.008)	0.032 (0.020)	4.43 (1.02)	2.89 (0.58)	0.24 (0.20)	1.63 (0.43)	3.17 (0.82)
溪流声	7.14 (0.71)	13.40 (1.59)	0.031 (0.009)	0.033 (0.012)	2.39 (0.14)	2.54 (0.21)	2.34 (0.25)	2.76 (0.30)	3.12 (0.82)
背景噪声	6.28 (1.28)		0.028 (0.018)		2.20 (0.31)		0.95 (0.42)		2.55 (0.63)

5.2.3　实验程序

本实验在天津大学建筑学院的半消声室进行。研究人员向家长和儿童说明实验的目的、内容和程序,并获得他们的知情同意。实验时,要求每个被试单独参加,并由研究人员监督指导,家长在实验室外的休息室等候。

在正式实验之前,被试需要完成一次注意任务测试,使实验人员一方面熟练测试操作,另一方面记录被试的注意基准水平。实验开始后,被试首先进行 5 min 的口算任务来引诱注意疲劳[127]。口算任务是从 1 895 开始,连续减去 13 并口头报告答案。如果口算错误,被试立即被要求停止并从头开始计算。口算的难度根据不同年龄组的儿童进行相应调整。然后,被试进行一次注意任务测试,以测量被试经过口算任务后的注意力水平。随后,实验人员为被试播放 3 min 声景刺激,让被试在没有任何干扰的情况下感受和体验声景。其中,声音信号通过头戴式耳机进行播放,教室全景则通过头戴式 VR 设备进行播放。最后,让被试再进行一次注意任务测试,以检查他们的注意力是否恢复到正常水平。至此,被试完成了一个实验单元,持续时间约 13 min。

为了控制实验总时长,每个被试只从 7 种声景中随机选取 4 种进行实验。每个被试所体验的声景是由计算机随机选择的,并且以随机顺序播放,从而最大限度地减小顺序效应。实验完成时,每个声景都至少有 25 名被试进行了体验,实验流程如图 5 - 5 所示,每个被试参加实验时长控制在 1 h 以内。

最后,要求被试提供一些个人背景信息,包括年龄、性别等。

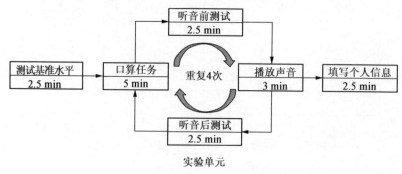

图 5 - 5　注意恢复实验流程图

5.2.4　数据分析

实验数据通过 SPSS 25.0 进行统计分析。单样本 Kolmogorov-Smirnov 检验表明,被试的持续注意力和短时记忆力数据均不是正态分布,因此后续分析都采用非参数检验方法。在进行正式统计分析之前,首先使用独立样本 Kruskal-Willis 检验分析不同声景分组之间的被试注意基准水平是否有显著差异,这是所有后续统计分析的基础和前提。组间差异性分析见表 5－4,不同声景分组之间被试的反应时间、反应错误和记忆广度均没有显著差异,表明体验不同声景的被试的认知水平是基本一致的,因此可以继续进行后续分析。

表 5－4　组间差异性分析

	被试数目	持续注意力		短时记忆力
		反应时间/ms	反应错误/次	记忆广度/次
音乐声	33	470.17 (85.73)	9.15 (3.56)	7.85 (1.43)
鸟叫声	33	469.83 (78.83)	9.04 (3.66)	7.81 (1.55)
喷泉声	30	491.70 (71.18)	9.23 (3.84)	7.72 (1.54)
风铃声	31	482.53 (75.45)	9.59 (3.81)	7.96 (1.56)
溪流声	32	461.53 (76.03)	9.82 (3.25)	7.77 (1.34)
背景噪声	30	490.09 (78.20)	8.54 (3.72)	7.76 (1.69)
安静	29	486.61 (84.82)	8.50 (3.94)	7.72 (1.57)
F		2.67	2.34	0.70
p		0.849	0.886	0.995

实验数据的正式分析思路如下:首先,采用 Wilcoxon Signed-Rank 检验来比较每个声景暴露前后的注意水平,探究各个声景是否可以显著地促进儿童的注意恢复。其次,计算每个被试声景暴露后的注意水平变化值,以此消除个体差异造成的影响,探究各个声景可以在多大程度上促进儿童注意力的恢复。最后,以声景类别为自变量,以注意力变化值为因变量,采用 Kruskal-Willis 检验来比较声景之间的恢复性作用的差异。此外,使用 Mann-Whitney U 检验或 Kruskal-Willis 检验探索人口统计学特征对儿童注意恢复的影响。在所有分析中,p 值小于 0.05 作为显著性的衡量标准。

5.3 声景对儿童持续注意力的恢复作用

各个声景暴露前后儿童的反应时间见表 5 - 5。首先计算各个声景播放前后被试反应时间的平均值和中位数，并通过 Wilcoxon Signed-Rank 检验验证声景播放前后被试的反应时间是否发生了显著的变化。结果显示，被试的反应时间在播放音乐声、鸟叫声、喷泉声和溪流声之后显著降低，表明反应速度显著提升。另外，播放风铃声之后被试的反应时间也有所减少，但这一变化在统计学意义上并不显著($p > 0.05$)。此外，安静休息和背景噪声的效果一样，被试的反应时间都几乎没有变化，这表明，降低教室的背景噪声水平并不足以有效促进儿童反应速度的恢复。综上所述，只有音乐声、鸟叫声、喷泉声和溪流声对儿童的反应速度具有实际的恢复性效果，而风铃声、教室背景噪声和安静环境对其都没有显著影响。

表 5 - 5　各个声景暴露前后儿童的反应时间

声景	声景播放前		声景播放后		$z(w)$	p
	M (SD)	Median (IQR)	M (SD)	Median (IQR)		
音乐声	480.29 (83.21)	481.65 (105.4)	458.34 (77.41)	448.10 (118.4)	-3.264	0.001
鸟叫声	481.97 (93.35)	449.80 (110.6)	462.87 (80.72)	453.15 (98.0)	-3.238	0.001
喷泉声	497.64 (86.14)	489.75 (161.5)	469.11 (79.60)	454.90 (127.8)	-4.203	0.000
风铃声	478.54 (88.35)	480.60 (117.0)	466.95 (81.25)	465.00 (129.4)	-1.898	0.058
溪流声	476.57 (88.37)	460.90 (138.3)	453.20 (78.51)	444.40 (96.2)	-3.628	0.000
背景噪声	480.98 (77.34)	476.30 (114.4)	479.79 (86.04)	476.05 (124.2)	-0.063	0.949
安静	459.53 (86.22)	450.90 (113.3)	458.46 (90.02)	454.50 (101.3)	-0.902	0.367

注:M (SD) = 平均值(标准差);Median (IQR) = 中位数(四分位间距)。

　　为了进一步比较不同声景对儿童反应速度的恢复性作用程度，研究人员分别计算了各个声景播放前后儿童反应时间的变化值。Kruskal-Willis 非参数检验结果显示，不同声景之间的反应时间变化值有显著差异，$\chi^2(6) = 24.647, p < 0.001$。如图 5 - 6 所示，变化值越小，表明声景对反应时间的恢复性作用越好。成对比较显示，喷泉声和溪流声播放前后的反应时间变化值均显著小于环境噪声和安静环境。可见，喷泉声和溪流声对儿童反应速度的实际恢复性效果最好，其次是音乐声和鸟叫声。

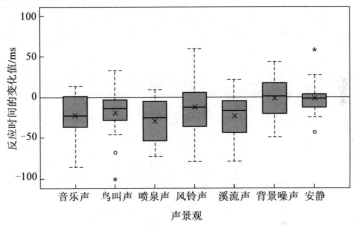

图 5 - 6　各个声景暴露前后反应时间差值

　　各个声景暴露前后儿童的反应错误见表 5 - 6。被试的反应错误在各个声景播放前后并没有显著差异。尽管被试在鸟叫声播放后反应错误有所减少，在播放音乐声和风铃声后反应错误有所增加，但是这种变化差异并没有统计学意义（$p > 0.05$）。此外，喷泉声、溪流声和安静环境对被试的反应错误数几乎没有影响。值得注意的是，暴露于教室背景噪声后，被试的反应错误显著增加，表明教室背景噪声对儿童的反应抑制能力具有不利影响，即使教室背景噪声的声压级[45 dB(A)]低于其他潜在恢复性声景。

表 5 – 6　各个声景暴露前后儿童的反应错误

声景	声景播放前		声景播放后		$z(w)$	p
	M (SD)	Median (IQR)	M (SD)	Median (IQR)		
音乐声	8.85 (3.52)	8.50 (5.3)	9.50 (3.81)	10.00 (5.8)	-1.488	0.137
鸟叫声	9.69 (3.88)	10.50 (4.8)	8.85 (3.96)	8.50 (6.5)	-1.610	0.107
喷泉声	9.73 (3.60)	10.00 (6.0)	9.72 (3.59)	10.00 (6.0)	-0.062	0.758
风铃声	8.52 (4.47)	9.00 (8.0)	9.67 (4.02)	10.00 (7.0)	-1.961	0.050
溪流声	9.37 (4.19)	10.00 (7.0)	9.22 (4.07)	10.00 (7.0)	-0.308	0.951
背景噪声	8.42 (4.26)	8.00 (8.3)	10.12 (3.55)	10.00 (5.3)	-2.687	0.007
安静	9.81 (3.49)	10.00 (4.3)	10.00 (3.40)	10.00 (5.0)	-0.285	0.775

注:M (SD) = 平均值(标准差);Median (IQR) = 中位数(四分位间距)。

　　为了进一步比较不同声景对儿童反应抑制能力的恢复性作用程度,研究人员分别计算了各个声景播放前后儿童反应错误的变化值。Kruskal-Willis 非参数检验表明,不同声景对于儿童反应抑制能力的恢复性作用具有显著的差异,$\chi^2(6) = 15.315, p < 0.05$。如图 5 – 7 所示,变化值越小,表明声景对儿童反应抑制力的恢复性作用越好。事后成对比较仅发现鸟叫声和环境噪声之间的恢复作用有显著差异($p < 0.05$)。可见,鸟叫声对儿童反应抑制力的恢复作用最好,其次是喷泉声、溪流声和安静环境,而教室背景噪声则有显著的消极作用。

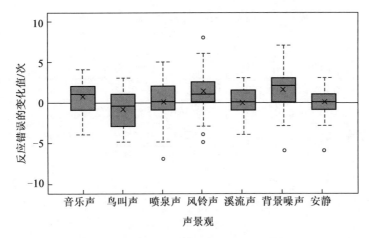

图 5 - 7　各个声景暴露前后反应错误差值

综上所述,喷泉声和溪流声对儿童的反应速度(通过反应时间测量)表现出最佳的恢复效果,而鸟叫声则对儿童的反应抑制能力(通过反应错误测量)表现出最佳的恢复效果。此外,风铃声和安静环境对儿童的持续注意力几乎没有影响。然而,教室背景噪声不但没有对儿童持续注意力表现出恢复作用,反而对反应抑制力表现出不利影响。

儿童个体因素对其持续注意力恢复的影响通过非参数检验进行了分析(表 5 - 7)。Mann-Whitney U 检验显示,不同性别在反应速度和反应抑制力的变化值上没有显著影响($p > 0.05$)。Kruskal-Wallis 检验显示,年龄对反应速度和反应抑制的恢复也没有显著影响($p > 0.05$)。此外,不同反应速度基准水平的被试在恢复作用上也没有显著差异($p > 0.05$)。然而,反应抑制力的基准水平对恢复作用表现出显著的影响作用($p < 0.05$)。与基准水平较高(反应错误≤9)的被试相比,基准水平较低(反应错误≥10)的被试在播放声景后的反应抑制力恢复效果显著更好。这表明对于反应抑制力基准水平较差的儿童,声景的恢复性作用可能更好。

表5-7 个体因素对儿童持续注意力恢复的影响

个体因素	反应时间		反应错误	
	F	p	F	p
性别	-0.609	0.542	-0.458	0.647
年龄	0.909	0.635	0.882	0.643
基准水平	2.835	0.242	-1.991	0.047*

综上所述,实验一以 SART 测试的反应时间和反应错误作为儿童持续注意力的测量指标,分别验证了不同声景对儿童反应速度和反应抑制的恢复性作用。结果证明,音乐声、鸟叫声、喷泉声和溪流声对儿童反应速度具有显著的恢复作用,而教室背景噪声对儿童反应抑制具有显著的负面影响。

5.4 声景对儿童短时记忆力的恢复作用

各个声景暴露前后儿童的记忆广度见表5-8。首先计算各个声景播放前后被试记忆广度的平均值和中位数,并通过 Wilcoxon Signed-Rank 检验验证声景播放前后被试的记忆广度是否发生了显著的变化。可以看出,在播放音乐声、鸟叫声、喷泉声和溪流声之后,被试的数字记忆广度有显著提高($p < 0.05$),而风铃声、背景噪声和安静环境则对其没有显著影响($p > 0.05$)。这与前述反应速度的实验结果基本一致。

表5-8 各个声景暴露前后儿童的记忆广度

声景	声景播放前		声景播放后		$z(w)$	p
	M (SD)	Median (IQR)	M (SD)	Median (IQR)		
音乐声	7.65 (1.41)	7.00 (2.0)	8.23 (1.38)	8.50 (2.0)	-2.251	0.024
鸟叫声	7.77 (1.34)	8.00 (2.0)	8.27 (1.34)	8.00 (2.0)	-2.053	0.040

续表 5 - 8

声景	声景播放前		声景播放后		$z(w)$	p
	M (SD)	Median (IQR)	M (SD)	Median (IQR)		
喷泉声	7.20 (1.53)	7.00 (5.0)	8.36 (1.80)	8.00 (1.0)	-3.699	0.000
风铃声	7.67 (1.47)	8.00 (2.0)	7.85 (1.70)	7.00 (2.0)	-0.700	0.484
溪流声	7.46 (0.99)	7.00 (1.0)	8.46 (1.50)	8.00 (3.0)	-3.214	0.001
背景噪声	7.88 (1.48)	8.00 (2.0)	7.96 (1.84)	8.00 (4.0)	-0.254	0.799
安静	7.68 (1.44)	8.00 (2.0)	7.92 (1.44)	8.00 (2.0)	-1.039	0.299

注:M (SD) = 平均值(标准差);Median (IQR) = 中位数(四分位间距)。

　　为了进一步比较不同声景对儿童短时记忆力的恢复性作用,研究人员分别计算了各个声景播放前后儿童记忆广度的变化值,并通过 Kruskal-Wallis 非参数检验进行了比较,如图 5 - 8 所示,变化值越大表明恢复性作用越好。结果显示,不同声景对儿童记忆广度的恢复性作用具有显著差异,$\chi^2(6) = 19.876, p < 0.001$。事后成对比较表明,相对于风铃声和环境噪声,儿童的记忆广度在暴露于喷泉声后有显著的提高。此外,溪流声也对儿童短时记忆力表现出相对良好的恢复效果,其次是音乐声和鸟叫声。

　　对于儿童个体因素对其短时记忆力恢复的影响,非参数检验表明,儿童短时记忆力的恢复效果在不同性别、不同年龄和不同基准水平之间都没有显著差异($p > 0.05$),统计检验结果见表 5 -9。

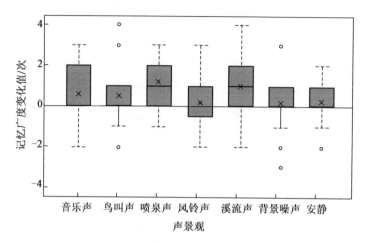

图5-8 各个声景暴露前后记忆广度差值

表5-9 个体因素对儿童短时记忆力恢复的影响

个体因素	记忆广度	
	F	p
性别	0.048	0.962
年龄	4.118	0.128
基准水平	1.443	0.149

综上所述,实验二以 DSF 测试的记忆广度作为儿童短时记忆力的测量指标,验证了不同声景对儿童短时记忆力的恢复性作用。结果证明,短暂接触喷泉声和溪流声确实可以有效地帮助儿童从诱发的短期记忆疲劳状态中恢复过来,此外,音乐声和鸟叫声也对儿童短时记忆力有显著的恢复性作用。

5.5 小结

5.5.1 讨论

这项研究通过两个实验验证了声景对儿童注意恢复的实际效果。比较反应速度、反应抑制和记忆广度这三个注意恢复的测试指标,可以看出,某些声景(如喷泉声、溪流声、音乐声和鸟叫声)只对儿童的反应速度和记忆广度表现出显著的恢复性作用,而对儿童的反应抑制并没有显著影响。这个结果在一定程度上可以通过儿童心理发展的研究进行解释。一项儿童心理学研究表明,反应速度和记忆广度通常被视作较为简单的认知过程,比较容易在短期内被改变(提升或下降)。然而,反应抑制是一项相对复杂的认知过程,更多地体现个体的综合执行能力,因此不容易在短期内受到环境刺激的显著影响[172]。因此,通过本研究的实验结果可以看出,恢复性声景可能在不同程度上影响不同复杂程度的认知过程。

另一个可能的原因是,以往研究认为个体的反应速度与反应抑制的表现成负相关关系,即反应速度越快,反应抑制越差[173]。这在儿童的基准水平测试中也得到了证实(Spearman coefficient = $-0.411, p < 0.001$)。这就意味着,短暂的恢复性声景暴露可能还不足以同时对这两个单独的注意力指标产生积极影响。另外,声景暴露后反应时间的变化值与反应错误的变化值不存在相关性(Spearman coefficient = $-0.021, p > 0.05$),这表明在本研究中,儿童反应速度的提高确实是由于声景暴露引起的,而不是由反应抑制力的降低驱动的。总之,声景对儿童的注意恢复作用仍然需要大量样本进行进一步验证,而上述对结果的推测和解释可能会引发更多关于各种认知能力的研究可能性。

此外,第 4 章的主观评价研究表明,恢复性感知评价从高到低的声景依次为:音乐声、鸟叫声、溪流声、喷泉声、风铃声和背景噪声。而本章研究结果表明,喷泉声和溪流声对儿童注意力具有最佳的实际恢复效果,其次是音乐声和鸟叫声,风铃声则显示出潜在的不利影响。可见,恢复性声景的主观评价和客观验证存在一定的差异,儿童感知到的更具恢复性潜力的声景并不一定显示出更好的实际恢复性效果。然而,这一结论目前仅适用于持续注意力和短时记忆力,上述声景对其他儿童认知能力的实际恢复性作用是否与主观评价相一致,这个问题仍然需要进一步的研究。尽管如此,对于上述结论,仍然可以从声景的心理声学特性角度给出两种可能的解释:一方面,音乐声、鸟叫声和风铃声的波动强度、清晰度和粗糙度在与背景噪声组合之后相对于喷泉声和溪流声变化较大(表 5-3)。这表明,相对于其他声音,喷泉声和溪流声的心理声学特征受环境噪声的影响较小。先前的大量研究也证实了这一点,即流水声对环境噪声的掩蔽效应比其他声音更好[174-176]。另一方面,音乐声和鸟叫声的波动强度比喷泉声和溪流声大得多,因此它们虽然能够引发积极愉悦的感受,但是可能导致较高的情绪波动,因而不利于注意力的恢复。相反,喷泉声和溪流声具有较小的波动强度,可能会使儿童在暴露声景后的实验任务中更加平静和稳定[177]。此外,还有一种潜在的可能是,被试在听音乐声和鸟叫声后更加放松,这大大降低了他们的激奋水平,反而降低了他们的认知能力表现[178]。

值得注意的是,本研究还发现,教室内的背景噪声和安静环境对儿童的认知能力没有显著影响(仅对反应抑制力有负面作用)。但是,以往研究表明,尽管成年人对室内噪声的恢复性感知也很差,但是室内噪声对一些成年人的认知能力具有显著的恢复性作用。例如,笔者所在的课题组在模拟的开放办公环境下,探究了不同声源类型对成年人的恢复性作用,结果表明,空调噪声、交通噪声、脚步声对认知任务的恢复性作用都比鸟叫声更好[127]。瑞典学者 Jahncke 等(2012 年)也在办公环境下进行了实验研究,发现对于听力受损的成年人,办公室噪声可以显著提高他们的工作效率,但是自然环境的视频没有显著影响[179]。这表明,室内常见噪声对儿童和成年人的认知能力的影响不同。这一方面可能是因为办公室与教室的背景噪声声源有所不同,但更重要的原因可能是,成年人的有意注意能力更成熟、更稳定,能够有效地抑制噪声引起的注意分散,并在长期的办公环境下形成了一定的适应性。相对而言,儿童的有意注意仍处于快速发展过程中,没有发育完善,因此更容易被周围的噪声干扰。

总而言之,本次实验研究不仅为第 4 章基于儿童感知的主观评价研究提供了一定程度的证据支持,而且扩展了对音乐声、鸟叫声等具体声景的恢复性作用的认识,而不仅仅停留在广义的自然声景和城市声景的对比上。

5.5.2　结论

基于两个实验的结果,根据被试在播放声景前后持续注意力和短时记忆力的表现,可以得出以下结论(表 5 - 10)。

(1)在七种声景中,喷泉声和溪流声对儿童的注意力具有最好的恢复性作用,其次是音乐声和鸟叫声。风铃声和安静环境对儿童的注意力没有显著的恢复性作用,而背景噪声则表现出不利影响,至少在反应抑制力方面。

（2）对于儿童的持续注意力，所有潜在恢复性声景在反应速度方面都显示出较好的恢复性作用，除了风铃声。然而，这些声景对于儿童的反应抑制能力并没有显著影响。

（3）对于儿童的短时记忆力，喷泉声和溪流声表现出显著的恢复性作用，其次是音乐声和鸟叫声。

（4）儿童的性别和年龄对其注意力的恢复没有显著影响。但是，恢复性声景可能对注意力基准水平较低的儿童具有更好的作用，但仍需要进一步的验证。

表 5 – 10　声景对儿童注意恢复的效果验证总结

声景	持续注意力		短时记忆力
	反应时间	反应错误	记忆广度
音乐声	+ **	–	+ *
鸟叫声	+ **	+	+ *
溪流声	+ **	+	+ **
风铃声	+	–	+
喷泉声	+ **	–	+ **
背景噪声	+	– *	+
安静	+	–	+

注：+ 表示恢复作用，– 表示消极作用；* 和 * * 分别表示在 0.05 和 0.01 水平上的显著性。

第6章 声景对学龄儿童压力缓解作用的实验研究

　　除了 Kaplan 夫妇提出的"注意恢复理论",恢复性环境领域的另一主要理论是 Ulrich 的"压力缓解理论"。文献综述表明,恢复性环境不仅能够促进个体注意力、记忆力等认知能力的恢复,而且能够缓解压力、诱发积极情绪。第 5 章已经研究了室内学习场所声景对学龄儿童的实际注意恢复作用,那么,在公园等户外活动场所中,具有潜在恢复性的声景是否也能够有效地促进学龄儿童的压力缓解呢?本章将通过实验室方法验证不同声景对儿童压力状态的实际恢复性作用,以期为儿童户外场所声环境的优化设计提供理论基础和崭新视角。

6.1　儿童压力缓解的测量指标

　　根据压力缓解理论,恢复性环境对个体压力的作用主要体现在生理和心理(即情绪)两个方面(见第 2.1.2 节)。因此,本研究将以生理状态和情绪状态为测量指标,对声景的实际恢复性作用进行实验研究。

　　此外,Ulrich 强调恢复性环境对个体压力的作用是迅速的。因此,本实验研究与注意恢复的实验研究不同,没有采用前后对照的研究设计,而是采用边体验边测量的方法,对被试的压力状态进行即时的、连续的测试,以最准确地记录儿童的生理变化趋势和情绪状态。

6.1.1　生理指标

　　根据压力缓解理论,恢复性环境造成的生理压力首先体现在自主神经系统上,通过自主神经系统自主调节个体自身的心血管系统、神经内分泌系统、骨骼肌肉系统等外围系统的生理反应。在实验研究中,通常将这些生理指标的变化作为鉴别个体是否发生恢复的客观指标[180]。大量研究表明,恢复性环境对不同生理指标的作用有显著差异。不仅如此,对于同一生理指标,不同的研究得到的结果也不尽相同[181]。这种研究结果的不一致可能是由于不同研究所用方法有所差异,但是这更多地表明了各个生理指标的有效性仍然有待验证。

在众多的生理指标中,自主神经系统和心血管系统是学者们关注的重点,也是被广泛证明会受到恢复性环境显著影响的指标[181]。因此,根据学龄儿童的受体特征和实验的可操作性,本研究选取了以下两种生理指标作为儿童压力缓解的生理测量指标。

(1)皮肤电活动(Electrodermal Activity,EDA),单位为微西(μS),是指当个体受到外界刺激时,其神经系统的活动会引起皮肤血管反应并激发汗腺分泌,进而导致皮肤电阻发生变化。皮肤电通常可以用于反映交感神经节后纤维功能状态:当个体紧张或情绪激动时,会导致交感神经兴奋,汗腺分泌增加,从而增加皮肤导电性;反之,当个体精神放松时,交感神经趋于稳定,皮肤导电性则会随之下降(图6-1)。研究表明,皮肤电对于视觉、声音等多种感官刺激都是较为客观和敏感的生理指标[77,182]。

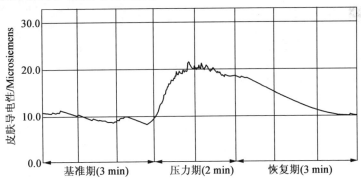

图6-1　皮肤电记录示意图

(2)心率(Heart Rate,HR),单位为 BPM,指人安静状态下每分钟心跳的次数。心率是心血管系统活动的一项重要指标,通常儿童的心率水平比成人高。对于同一个体,当其休息或放松时,心率变慢,心血管系统趋于稳定;当其处于持续注意或应激反应状态时,机体则表现为心率加快,心血管系统趋于紧张状态,功能加快(图6-2)。心率常用来作为各种感知刺激引起的健康反应衡量指标[183],而且由于其操作的简易性和指标的敏感性,常被用于儿童的生理反应测量[184,185]。

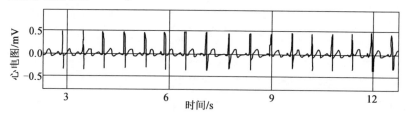

图6-2 心电图记录示意图

在本次实验研究中,采用多导生理记录仪来记录被试的皮肤电和心率两项生理指标的变化情况[186]。对于皮肤电,实验中采用皮肤电放大器模块(EDA100C),通过皮肤电阻传感器连接被试右手中指和无名指指腹,记录被试两个指端的皮肤电活动。对于心率,实验中使用心电描记放大器模块(ECG100C),通过粘贴一次性电极和导电线,连接被试左右脚腕内侧及右手腕脉搏处,记录被试实验过程中心率的变化。

6.1.2 情绪指标

压力缓解理论认为,恢复环境对个体压力的积极作用同样体现在心理上,而心理因素的外在反应主要是个体的情绪变化。个体的情绪压力反应通常通过自我主观评价来测定,常用的量表有正性负性情绪状态量表、焦虑状态量表等。这些量表大都证明了恢复性环境的显著效果,但是对于学龄儿童来说,这些量表有两点不足:一是量表项目较多,对儿童来说难度较大;二是问题的表达对儿童来说晦涩难懂,尤其是对于年龄较小的儿童。因此,本次实验采用比较简洁和形象的情绪自评量表 Self-Assessment Manikin (SAM) 对儿童的情绪状态进行评价。SAM 是一种国际通用的图片量表,旨在测量情绪反应的三个维度:愉悦感(Pleasure),唤醒度(Arousal)和控制度(Dominance)。这三个特征维度在心理学研究中被认为是情绪反应的核心特征[187]。

(1)愉悦感代表情绪效价,即对情绪属性和内容的自我评估,分为正性情绪和负性情绪。一般来讲,自然化环境因素通常会引发积极愉悦的情绪,而人工化环境因素更容易引起消极负面的情绪。长期的情绪状态会影响个体的生理健康、工作效率和社交能力。

(2)唤醒度指情绪在多大程度上被激活,与个体的兴奋程度相关。恢复性环境理论指出,个体对于压力刺激会产生不同程度的兴奋反应(即唤醒)。持续一定时间的兴奋状态容易引起精神疲劳,对于身心健康有害。自然环境通常能够有效地缓解压力引起的这种兴奋状态,使个体感到放松。此外,情绪唤醒程度也会反应在个体的生理状态变化上。

(3)控制度代表情绪控制,指个体在多大程度上能够控制当下刺激引起的情绪波动,表明了个体与刺激之间的互动关系。量表中的控制度从个体自身的角度出发,从低到高评价自己对实验刺激的控制程度。当个体觉得受刺激影响较大,控制度较低时,则承受的压力较大。

在 SAM 量表中,每个维度以生动的图片对情绪特征进行示意,采用九级言语量表进行评价,并进一步通过文字对每个维度进行详细解释,以方便儿童理解。对于愉悦感,左侧采用了"讨厌的、不好的、伤心的、烦恼的"等负向情绪词语,右侧采用了"喜欢的、好的、开心的、愉快的"等正向情绪词语;对于唤醒度,左侧采用了"平静的、放松的、昏昏欲睡的"等词语,右侧采用了"紧张的、激动的、令人兴奋的"等词语;对于控制度,左侧采用了"感觉自己很弱小,不能控制这个声音"等表达,右侧采用了"感觉自己很强大,可以控制这个声音"等表达。实验所用 SAM 量表如图 6-3 所示。

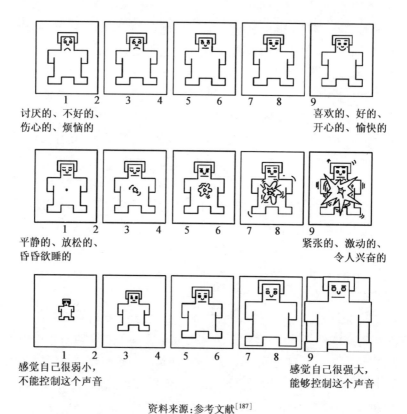

资料来源：参考文献[187]

图6-3 情绪自评量表 Self-Assessment Manikin（SAM）

值得注意的是，根据第2.2节对学龄儿童特征的理论研究，7~12岁儿童处于具体运算阶段，这意味着这个年龄段的儿童只能对具体的事物（如声音）进行心理操作。因此，在本研究中，儿童的情绪反应需要依附于具体的实验刺激（即声景）体验。换句话说，需要一边进行声景体验，一边对儿童的情绪状态进行测量，询问他们对于声音环境的情绪感受。因此，本研究对情绪状态的测量没有采用前后对照的方法，而是采用SAM量表，以若干对反义或对立的情绪状态形容词来测量声景对儿童情绪的正向作用或负向作用。

SAM已经被众多研究证明可以有效地测量各种情况下的情绪反应，如对图片、声音、广告、疼痛刺激等的反应[188]。另外，SAM还被用来测量儿童、焦虑症患者等特殊群体和弱势群体的情绪反应[189]。因此,SAM 适合本课题对于儿童恢复性声景的研究。

6.2　研究方法

6.2.1　实验被试

在本次研究中,一共 53 名儿童被招募参与实验。考虑到儿童对实验任务的理解力和执行力,本次实验的研究对象以 9～12 岁儿童为主(平均年龄为 10.42 岁,标准差为 1.14),包括 29 个男孩和 24 个女孩,并且各个年龄段的样本量均衡。被试是通过社交媒体和雪球抽样方法从天津市的各个小学招募的,并且所有被试的听力和视觉都正常。被试的基本情况见表 6 – 1。

表 6 – 1　参与压力缓解实验的被试基本情况

被试	特征	样本量/人
性别	男	29
	女	24
年龄/岁	9	11
	10	18
	11	13
	12	11
总计		53

6.2.2　实验刺激

由于城市公园是儿童放松休息的主要休闲场所,因此关于儿童压力缓解的实验在模拟公园环境中进行。考虑到实验过程中需要使用一系列生理测试设备对被试进行持续测量,设备本身的佩戴会对生理指标产生较大的影响,因此本次实验没有使用 VR 设备,而是仍然使用环境照片来模拟公园场景,以减少过多佩戴设备对被试产生的影响。

　　实验照片需要展现对儿童而言最典型的公园场景。第 3.2.3 节社会调查结果表明,鸟叫声、流水声、嬉闹声和风声是城市公园中儿童最常见而且最喜欢的声音。因此,笔者采用了如图 6-4 所示的城市公园照片,该照片是在天津银河公园拍摄的,展现了绿色的树木植被、潺潺的流水、游玩嬉闹的儿童和陪伴他们的父母,与儿童常见和喜欢的公园声音非常匹配。在实验过程中,城市公园照片显示在 46 英寸显示屏上,并放置在被试前面约 100 cm 的位置。

图 6-4　压力缓解实验中城市公园照片

　　本研究的实验音同样根据第 4 章的恢复性感知评价研究确定,选取最具有恢复性潜力的声源类型(音乐声、鸟叫声、溪流声、风铃声、喷泉声)和信噪比(5 dB)。其中城市公园的背景噪声根据《天津市〈声环境质量标准〉适用区域划分》中的 1 类功能区要求确定,昼间环境噪声限值为 55 dB(A),分别与上述 5 种具有潜在恢复性的主导声源合成实验刺激。此外,将公园背景噪声作为第 6 种实验音,将消声室中的安静环境[约 22 dB(A)]作为对照组。

　　综上,本次实验一共包括 7 种实验音,各种实验音的频谱特征如图 6-5 所示。安静环境的频谱变化最小,在全频带上的声压级都很低;喷泉声和溪流声的频谱特征相似,低频的声压级较低,中高频的声压级较高;音乐声的中低频与喷泉声和溪流声相似,但是高频的声压级较低一些;鸟叫声和风铃声在中低频的声压级较低,不同的是,鸟叫声在 2 000 Hz 的声压级最高,而风铃声在 8 000 Hz 的声压级最高;公园背景噪声在全频带上的声压级比较均匀,在 4 000 ~ 8 000 Hz 上的声压级略低。

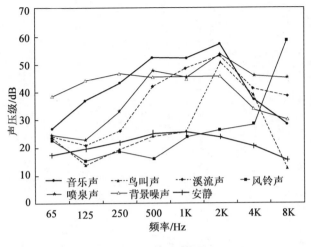

图 6 - 5　声景频谱

　　此外,公园场景中主导声源与合成声景的心理声学特征见表 6 - 2。根据第 4.3 节,信噪比为 5 dB 的 6 种合成声景的恢复性评价从高到低依次为:音乐声、溪流声、风铃声、喷泉声、鸟叫声和公园背景噪声。就心理声学特征来说,音乐声的响度和波动强度较大,尖锐度和粗糙度较小;溪流声的响度较小,尖锐度和粗糙度较大;喷泉声的波动强度较大,尖锐度和粗糙度较大;鸟叫声的尖锐度和粗糙度较小;公园背景噪声的尖锐度和粗糙度也较小。

表 6 - 2　公园场景中主导声源与合成声景的心理声学指标

| | 响度/sone GF | | 波动强度/vacil | | 尖锐度/acum | | 粗糙度/asper | | 恢复性评价 |
	主导声源	合成声景	主导声源	合成声景	主导声源	合成声景	主导声源	合成声景	合成声景
音乐声	12.00 (2.26)	16.60 (2.18)	0.065 (0.041)	0.055 (0.026)	1.42 (0.26)	1.64 (0.16)	0.93 (0.26)	1.51 (0.22)	3.48 (0.80)
溪流声	10.10 (0.96)	14.61 (1.45)	0.036 (0.009)	0.021 (0.006)	2.52 (0.13)	2.06 (0.12)	2.85 (0.27)	2.71 (0.37)	3.15 (0.84)
喷泉声	10.90 (0.39)	15.92 (1.41)	0.005 (0.007)	0.009 (0.005)	2.86 (0.06)	2.58 (0.11)	1.91 (0.08)	2.10 (0.24)	2.98 (0.91)
风铃声	7.11 (2.03)	15.32 (2.12)	0.016 (0.009)	0.020 (0.008)	4.56 (0.99)	2.41 (0.71)	0.36 (0.33)	1.74 (0.37)	3.05 (0.85)
鸟叫声	6.14 (1.69)	14.44 (1.83)	0.067 (0.051)	0.035 (0.020)	2.64 (0.57)	1.71 (0.27)	0.31 (0.32)	1.59 (0.26)	2.81 (0.83)
背景噪声	14.13 (1.15)		0.024 (0.013)		1.62 (0.15)		1.69 (0.15)		2.41 (0.84)

6.2.3　实验程序

实验在天津大学建筑学院的半消声室进行。研究人员向家长和儿童说明实验的目的、内容和程序,并获得他们的知情同意。实验时,要求儿童单独参加,并由研究人员监督指导,家长在实验室外的休息室内等候。

在正式实验之前,被试需要测量 3 min 的生理指标,使实验人员一方面确定测试设备的正常运行,另一方面记录被试的皮肤电和心率基准水平。实验开始后,被试首先进行 5 min 的口算任务来引诱心理压力。口算任务与第 5 章注意恢复实验相同,以往的研究也表明了该口算任务可以有效地引诱被试的压力感[180]。随后,实验人员为被试播放 3 min 声景刺激,让被试在没有任何干扰的情况下感受和体验声景。其中,声音信号通过头戴式耳机进行传送,公园图片则通过 46 英寸的液晶显示屏进行播放。在整个过程中,对被试的生理指标(皮肤电和心率)变化进行持续测量。至此,被试完成了生理压力缓解的一个实验单元,持续时间约 5 min。

个体的生理反应较为敏感而且迅速,长时间的实验本身会对被试的生理水平产生较大影响。因此,为了控制实验总时长,每个被试只从 7 种声景中随机选取 4 种进行实验。每个被试所体验的声景是由计算机随机选择的,并且以随机顺序播放,从而最大限度地降低顺序效应。实验完成时,每个声景都至少有 30 名被试进行了体验。

每个被试在生理指标测试结束后,将生理测试设备移除,然后重新体验一遍 4 种声景,并同时在 SAM 量表上对每一种声景进行情绪反应评价。

最后,要求被试提供一些个人背景信息,包括年龄和性别。实验流程如图 6－6 所示,每个被试参加实验时长控制在 1 小时以内。

实验阶段	开始	生理测试阶段		情绪测试阶段		结束
实验内容	基础水平测试 ➡	压力期 ➡	恢复期 ➡	情绪测评 ➡		个人信息
持续时间	3 min	2 min	3 min	1 min		2 min
实验刺激		口算测试	声景播放	声景播放		
实验结果	EDA,HR	EDA,HR		SAM		年龄,性别
备注		每个被试体验4种声景,共持续20min		每个被试体验4种声景,共持续4min		

图 6 - 6　压力缓解实验流程示意图

6.2.4　数据分析

1.数据预处理

实验结束后,首先采用 Biopac 自带的数据采集与分析软件 AcqKnowledge对原始数据(皮肤电和心率)进行预处理。

对于基准水平的记录数据,截取中间 2 min(30 s 至 150 s)的数据计算平均值,作为被试生理反应的基准水平。这是因为开始 30 s 和最后 30 s 距离刺激较近,被试的皮肤电和心率波动较大,测试数据可能不稳定。

对于正式实验的生理数据,预处理分为两步:①为了比较声景暴露期间和压力引诱期间的压力水平是否有显著差异,分别计算各个被试压力期和恢复期的生理数据均值。其中,压力期截取口算任务最后 1 min 的数据计算平均值,因为口算任务开始时压力水平处于上升阶段,最后 1 min 压力水平趋于稳定;恢复期选取 3 min 声景播放期间的全部数据计算平均值,由于声景播放期间被试生理反应的变化趋势暂不清楚,因此采用全时数据作为恢复期的总体压力水平。②压力缓解理论强调,个体的生理机制对于环境刺激的反应是非常迅速的。因此,被试的生理反应在 3 min 恢复期内可能是不断变化的。为了进一步探究 3 min 恢复期过程中被试生理反应的变化趋势,将恢复期均匀划分为 6 段,每段持续时间为 30 s,计算每段的平均值。生理数据分析方法示意如图 6 - 7 所示。

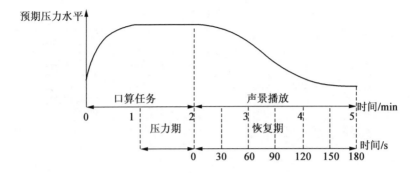

图6-7 生理数据分析方法示意

此外,口算任务引起的压力反应程度可能不同。换句话说,恢复期开始时,个体的皮肤电和心率可能存在较大差异。因此,在比较不同声景的恢复性作用时,为了消除个体差异对研究结果的影响,被试在恢复期的所有数据均转化为压力期的百分比变化值。数值转化公式如下。

$$相对恢复值(\%) = \frac{(压力期原始值 - 恢复期原始值)}{压力期原始值} \times 100\%$$

2. 事前分析

实验数据通过 SPSS 25.0 进行统计分析。在正式数据分析之前,需要进行两个方面的事前分析:一方面,在这项研究中,每个声景分组的被试不同,因此在进行正式统计分析之前,需要检验不同声景分组之间被试的皮肤电和心率基准水平是否有差异;另一方面,需要验证口算任务的有效性,即被试在压力期的压力水平是否被显著提高了。以上两个方面都是进行后续分析之前的先决条件。鉴于被试的生理测试数据不呈正态分布,因此都采用非参数检验方法。

对于声景组间的差异性,采用独立样本 Kruskal-Willis 进行分析(表6-3)。不同声景分组之间被试的皮肤电和心率基准水平均没有显著差异,表明体验不同声景的被试的生理水平是基本一致的,因此可以继续进行后续分析。

表6-3 声景组间差异性分析

	被试数目	EDA/μS	HR/BPM
安静	33	8.73 (5.51)	89.50 (9.19)
音乐声	33	8.83 (5.27)	89.74 (10.05)
溪流声	30	7.42 (5.20)	88.45 (10.27)
喷泉声	31	6.66 (4.71)	88.15 (7.05)
风铃声	32	6.68 (4.42)	88.27 (8.37)
鸟叫声	30	8.08 (5.35)	88.47 (11.08)
背景噪声	29	7.80 (4.65)	89.83 (7.12)
F		4.91	2.28
p		0.556	0.892

对于口算任务的有效性,采用相关样本 Wilcoxon 符号秩检验进行分析。结果表明,儿童的皮肤电和心率从基准期到压力期是显著升高的(表6-4)。这证明了口算任务可以有效地诱导儿童的压力水平。

表6-4 基准期与压力期的压力水平比较分析

	被试数目	EDA/μS	HR/BPM
基准期	53	7.70 (5.02)	88.88 (9.09)
压力期	53	13.57 (6.30)	94.05 (8.84)
F		12.62	10.95
p		0.000	0.000

3. 统计分析

实验数据的正式分析思路如下。

对于生理反应,首先采用 Wilcoxon Signed-Rank 检验进行压力期和恢复期的比较。然后,为了探究不同声景下的恢复期被试压力水平的变化,对 3 min 的恢复期进行更加详细的分析。由于实验的分层设计和重复测量的性质,数据之间可能存在自相关性,因此具有不同复杂度的线性混合模型(Linear mixed model)更适合本实验的数据分析[190]。具体而言,采用最大似然法的7(声景)×6(时间段)线性混合模型,分析声景和时间段对被试生理指标变化的主效应。另外,还考虑了儿童性别对恢复性的影响,因此分析了"声景×时间段""声景×性别"及"时间段×性别"的交互作用。考虑性别因素是因为过去关于噪声和健康的研究表明,无论是成人还是儿童,性别都是一个显著的影响因素[185,191]。此外,年龄和基准水平作为协变量包含在分析中。对于情绪反应,首先采用单样本 Kolmogorov-Smirnov 检验分析了情绪评价数据的分布状态,结果显示数据不成正态分布,因此后续采用了非参数分析。在所有分析中,p 值小于 0.05 作为显著性的衡量标准。

6.3 声景对儿童生理压力的恢复性作用

表 6 – 5 列出了每个声景下,儿童在压力期和恢复期的皮肤电水平,描述性统计量包括皮肤电的平均值和中位数。Wilcoxon Signed-Rank 检验显示,无论被试暴露于哪种声景,儿童在恢复期的皮肤电水平都比压力期显著降低。

表 6 – 5 压力期和恢复期儿童的皮肤电水平

声景	压力期		恢复期		$z(w)$	p
	M (SD)	Median (IQR)	M (SD)	Median (IQR)		
安静	14.58 (6.28)	13.78 (8.20)	12.70 (6.47)	11.99 (9.86)	– 3.362	0.000
音乐声	13.40 (6.20)	12.67 (9.82)	10.35 (5.76)	9.54 (6.90)	– 4.351	0.000
溪流声	12.17 (5.36)	12.01 (7.78)	9.56 (5.20)	8.28 (8.53)	– 4.136	0.000

续表 6 - 5

声景	压力期		恢复期		z(w)	p
	M (SD)	Median (IQR)	M (SD)	Median (IQR)		
喷泉声	14.24 (7.22)	12.45 (10.14)	9.83 (6.20)	8.38 (8.01)	−4.494	0.000
风铃声	12.89 (5.81)	12.54 (9.84)	9.48 (5.38)	8.66 (9.17)	−4.566	0.000
鸟叫声	13.80 (6.34)	12.49 (9.26)	10.67 (6.41)	9.34 (8.59)	−4.712	0.000
背景噪声	14.11 (7.09)	13.63 (8.40)	10.57 (6.51)	9.50 (9.33)	−4.062	0.000

注:M（SD）＝平均值（标准差）;Median（IQR）＝中位数（四分位间距）。

表 6 - 6 列出了每个声景下,儿童在压力期和恢复期的心率水平,描述性统计量包括心率的平均值和中位数。Wilcoxon Signed-Rank 检验显示,无论被试暴露于哪种声景,儿童恢复期的心率水平都比压力期显著降低。这与皮肤电的研究结果一致。

表 6 - 6　压力期和恢复期儿童的心率水平

声景	压力期		恢复期		z(w)	p
	M (SD)	Median (IQR)	M (SD)	Median (IQR)		
安静	94.26 (9.03)	95.08 (9.06)	88.34 (8.91)	89.18 (8.57)	−4.372	0.000
音乐声	95.34 (10.42)	96.42 (13.63)	90.54 (9.55)	91.95 (10.05)	−4.782	0.000
溪流声	93.19 (8.79)	92.71 (11.00)	88.75 (9.82)	89.11 (12.82)	−4.937	0.000

续表 6 – 6

声景	压力期		恢复期		$z(w)$	p
	M (SD)	Median (IQR)	M (SD)	Median (IQR)		
喷泉声	93.54 (7.82)	93.51 (8.72)	89.48 (6.91)	90.11 (6.99)	-4.623	0.000
风铃声	92.91 (8.49)	92.26 (9.21)	88.42 (8.10)	89.30 (7.08)	-4.782	0.000
鸟叫声	93.64 (9.69)	93.99 (13.43)	88.84 (10.73)	89.62 (17.12)	-4.782	0.000
背景噪声	95.73 (7.64)	94.37 (8.54)	89.67 (7.58)	89.61 (10.17)	-4.457	0.000

注:M(SD)=平均值(标准差);Median(IQR)=中位数(四分位间距)。

上述结果表明,当儿童的生理压力水平较高时,任何一种城市公园声景(包括背景噪声)都可以有效地缓解儿童的压力水平,即使在较短的时间内(3 min)。

为了进一步探究儿童生理压力水平在恢复期的变化趋势,研究人员基于皮肤电和心率数据分别构建了线性混合模型分析(表6 – 7)。结果显示,不同声景类型下被试的皮肤电水平恢复程度有显著差异($F = 2.24, p < 0.05$),但被试的心率水平恢复程度没有显著差异($F = 2.03, p > 0.05$)。此外,不同时间段皮肤电恢复($F = 50.88, p < 0.001$)和心率恢复($F = 18.08, p < 0.001$)均有显著差异。但是,声景类型和时间段在皮肤电恢复($F = 0.80, p > 0.05$)和心率恢复($F = 0.96, p > 0.05$)上都没有显著的交互作用。

表 6 – 7　儿童生理水平恢复程度的线性混合模型分析

	EDA		HR	
	F	p	F	p
声景类型	2.24	0.040	2.03	0.062
时间段	50.88	0.000	18.08	0.000
性别	0.09	0.765	0.52	0.475
年龄	0.02	0.898	0.18	0.677
基准水平	5.69	0.021	6.58	0.014
声景 × 时间	0.80	0.768	0.96	0.531
声景 × 性别	2.22	0.041	3.84	0.001
时间 × 性别	3.12	0.009	1.11	0.356

　　不同声景类型和时间段对被试皮肤电恢复的影响如图 6 – 8 所示。对于声景类型的主效应,事后多重比较显示,在所有具有潜在恢复性的声景中,只有喷泉声比公园背景噪声对儿童的皮肤电具有显著更好的恢复性作用,而音乐声、溪流声、鸟叫声和风铃声对儿童皮肤电的恢复性作用与背景噪声并没有显著差异。此外,在所有的声景类型中,安静环境下儿童的皮肤电恢复效果最差。对于时间段的主效应,儿童的皮肤电水平在恢复期开始时(前 60 s)大幅下降,然后逐渐趋向平缓,但是在恢复期最后呈现出些微的上升趋势。

　　尽管声景类型和时间段对儿童的皮肤电恢复没有显著的交互作用,但是从图 6 – 8 中可以看出,在恢复期后期,不同的声景类型下皮肤电变化趋势有所不同:音乐声、鸟叫声和风铃声暴露下的儿童皮肤电水平趋向平缓稳定,而喷泉声、溪流声、安静和背景噪声暴露下的儿童皮肤电水平呈现上升趋势。尽管如此,在整个恢复期间,没有任何一种声景能够将儿童的皮肤电降低到基准水平。

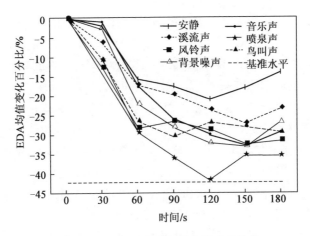

图 6-8　儿童皮肤电的恢复性变化趋势

不同声景类型和时间段对被试心率恢复的影响如图 6-9 所示。可以看出,与线性混合模型的分析结果一致,声景类型之间的心率恢复效果有一定的差异,但这种差异并无统计学意义。对于时间段的主效应,从图 6-9 中可以看出,所有的声景暴露下被试的心率变化趋势几乎一致:在开始的 30 s 内,被试心率水平迅速下降,甚至降至基准水平以下;然后被试心率水平又随着声景的播放缓慢增加,直至略高于基准水平。

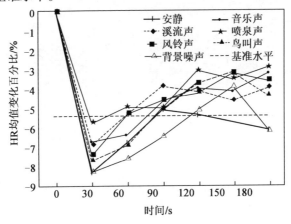

图 6-9　儿童心率的恢复性变化趋势

线性混合模型分析结果还显示,声景类型和性别对皮肤电恢复

$(F=2.22,p<0.05)$ 和心率恢复 $(F=3.84,p<0.001)$ 都存在显著的交互作用。声景类型和性别对皮肤电恢复的交互作用如图 6−10(a) 所示。对于男孩来说,城市公园中的背景噪声可以有效地降低其皮肤电水平,并且比安静环境表现出显著更多的恢复作用。不仅如此,公园背景噪声比其他具有潜在恢复性的声景(如音乐声和鸟叫声)也具有更好的实际恢复效果,尽管这种差异并不显著。对于女孩来说,喷泉声是对皮肤电实际恢复效果最好的声景,与公园背景噪声有显著差异,而其他声景之间没有发现差异。声景类型和性别对心率恢复的交互作用如图 6−10(b) 所示。背景噪声对男孩心率的实际恢复效果最好,与喷泉声的恢复作用有显著差异。但是对于女孩来说,声景类型之间的心率恢复并没有显著差异。

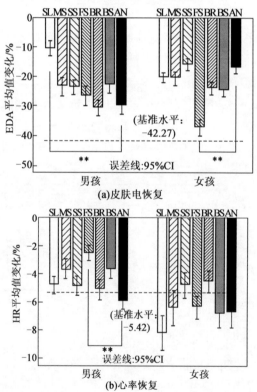

图 6−10   声景类型和性别对儿童生理健康恢复的交互作用

注:SL—安静,MS—音乐声,SS—溪流声,FS—喷泉声,BR—风铃声,BS—鸟叫声,
AN—背景噪声;CI—置信区间。

　　此外,线性混合模型还发现,时间段和性别对儿童的皮肤电恢复有交互作用($F = 3.12, p < 0.01$)。如图 6 – 11 所示,在恢复期的前 60 s 内,男孩的皮肤电水平下降速度比女孩快,随后下降速度逐渐减缓。值得注意的是,在恢复期结束时,男孩的生理压力水平似乎略有增加,而女孩的生理压力水平则比较稳定。这表明与女孩相比,声景对男孩的压力缓解作用更加迅速,但是作用时间可能较短。

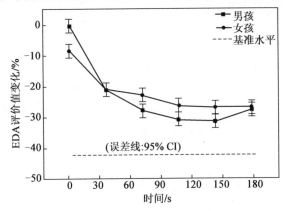

图 6 – 11　时间和性别对皮肤电恢复的交互作用

6.4　声景对儿童情绪压力的恢复性作用

　　情绪自评量表 SAM 采用九级言语量表评价方式,愉悦度和控制度评分越高,代表情绪恢复性越好;唤醒度评分越高,则代表情绪恢复性越差。情绪愉悦度评价小于 5 表明负向情绪反应,大于 5 表明正向情绪反应;情绪唤醒度小于 5 表明声景使儿童情绪趋向平静,大于 5 表明声景使儿童情绪趋向兴奋;情绪控制度小于 5 表明较差的情绪控制度,大于 5 表明较好的情绪控制度。

　　单样本 Kruskal-Wallis 检验结果表明,不同的声景在儿童的愉悦度($p < 0.001$)和唤醒度($p < 0.001$)上的恢复效果有显著差异,但是在控制度上没有显著差异($p > 0.05$)。儿童对各个声景的情绪评价见表 6 – 8,各个声景的情绪控制度得分均在 5 左右,表明公园声景对儿童的情绪控制度既没有积极作用,也没有消极作用。因此,后续将主要针对愉悦感和唤醒度两个情绪维度进行分析研究。

表6-8　儿童对各个声景的情绪评价

	愉悦度		唤醒度		控制度	
	M (SD)	Median (IQR)	M (SD)	Median (IQR)	M (SD)	Median (IQR)
安静	4.83 (2.02)	5.00 (1.50)	2.35 (2.29)	1.00 (2.00)	6.00 (2.87)	6.00 (5.50)
音乐声	8.24 (1.25)	9.00 (1.50)	3.97 (2.32)	4.00 (3.00)	6.06 (2.28)	6.00 (3.00)
溪流声	7.00 (1.95)	7.00 (3.50)	2.97 (1.96)	3.00 (3.00)	5.88 (2.18)	6.00 (3.50)
喷泉声	7.03 (2.09)	7.00 (3.25)	4.33 (2.55)	4.00 (4.25)	5.23 (2.73)	5.00 (5.00)
风铃声	6.52 (2.46)	7.00 (4.00)	3.97 (2.17)	4.00 (3.00)	6.16 (2.19)	6.00 (4.00)
鸟叫声	7.39 (1.82)	8.00 (2.00)	3.91 (2.23)	4.00 (3.00)	6.45 (2.11)	7.00 (3.00)
背景噪声	4.27 (2.00)	4.00 (3.00)	5.13 (1.94)	5.00 (3.25)	4.73 (2.72)	5.00 (5.00)
F	70.33		34.62		9.03	
p	0.000		0.000		0.172	

注:M(SD)=平均值(标准差);Median(IQR)=中位数(四分位间距)。

如图6-12所示,进一步的成对比较表明,对于愉悦感,音乐声与风铃声、背景噪声、安静均有显著差异,鸟叫声、喷泉声、溪流声与背景噪声、安静均有显著差异,同时音乐声和风铃声之间也有显著差异。上述结果表明,音乐声对儿童情绪愉悦感的恢复性作用最好,其次是鸟叫声、喷泉声和溪流声,最后是风铃声。安静环境对儿童情绪

愉悦感几乎没有影响,而公园背景噪声的愉悦感评价小于5,反而有
负向影响。对于唤醒度,安静与音乐声、鸟叫声、风铃声、喷泉声、背
景噪声有显著差异,此外,溪流声与背景噪声也有显著差异。这表明
安静环境最能够使儿童情绪平静和放松,其次是溪流声。音乐声、鸟
叫声、风铃声和喷泉声仅在一定程度上具有恢复性作用。公园背景
噪声的唤醒度评价大于5,也是负向影响。

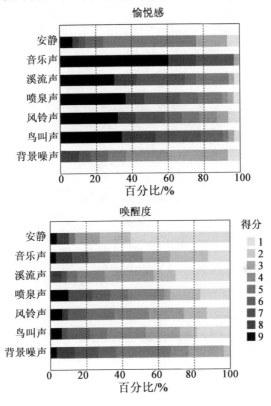

图 6 - 12　声景情绪评价

此外,Mann-Whitney U 检验显示,男孩和女孩之间的情绪愉悦度
评价存在显著差异[$\chi^2(1) = 2.32, p = 0.020$],但在唤醒度[$\chi^2(1) = -0.77, p = 0.443$]和控制度[$\chi^2(1) = 1.11, p = 0.226$]上均没有显
著差异。总体来说,城市公园的声景对女孩的恢复作用比对男孩的
恢复作用更大。

　　基于愉悦感和唤醒度评价,研究人员进一步探究了声景对男孩和女孩的情绪恢复作用。如图 6-13 所示,将 6 种实验声景的情绪评价绘制成二维坐标系,横坐标是愉悦感评价,纵坐标是唤醒度评价。所以坐标靠近右下角代表较高的恢复性,坐标靠近左上角代表较低的恢复性。

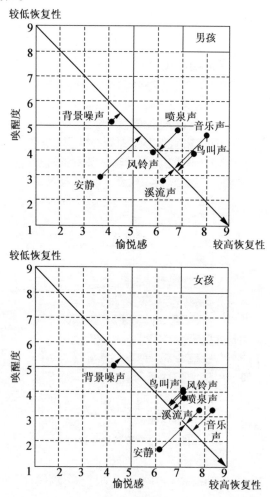

图 6-13　声景对男孩和女孩情绪的总体恢复性作用

　　结果显示,对于男孩来说,音乐声、鸟叫声和喷泉声的愉悦感最好,安静环境和溪流声的唤醒度最低。总体来说,音乐声、鸟叫声和

溪流声的恢复性最好,背景噪声的恢复性最差。对于女孩来说,5 种
具有潜在恢复性的声景都具有较高的愉悦感,安静环境具有较低的
唤醒度。总体来说,音乐声、溪流声和安静环境的恢复性最好,背景
噪声的恢复性最差。对比男孩和女孩,他们对安静环境的情绪评价
存在显著差异,安静环境对女孩的恢复作用比男孩好得多。

　　总体而言,音乐声对儿童情绪愉悦感的恢复性作用最好,安静环
境对儿童情绪唤醒度的恢复性作用最好,溪流声对儿童情绪愉悦感
和唤醒度都具有较好的恢复性作用,其次是鸟叫声、喷泉声和风铃
声。公园环境噪声在儿童情绪的各个方面都具有负向影响,但影响
并不显著。

6.5　小结

6.5.1　讨论

　　本章实验研究以皮肤电和心率为生理恢复的测量指标,以愉悦
度、唤醒度和控制度为情绪恢复的测量指标,通过前后两个实验阶
段,验证了各个城市公园声景对儿童压力缓解的实际恢复效果。

　　第一实验阶段的结果表明,基于皮肤电和心率两个压力水平指
标,短时间的公园声景体验可以有效地促进儿童从诱发的压力状态
中迅速恢复。但是,不同的声景类型对儿童心率的恢复效果没有显
著差异,这意味着心率的恢复可能仅仅是由于口算任务结束以后随
着时间流逝而自然恢复,与添加的声景无关。与心率恢复不同,不同
声景类型对儿童皮肤电的恢复是有显著差异的,喷泉声等声景对皮
肤电的恢复效果明显优于安静环境,这表明儿童皮肤电水平的降低
不仅仅是由于压力任务的结束和时间的流逝,喷泉声等声景的添加
进一步促进了其恢复程度。

　　此外,研究结果还表明,喷泉声对皮肤电的恢复效果比公园背景
噪声更好,至少对女孩而言。这可能是因为喷泉声对环境噪声起到
了良好的掩蔽效应,因此提供了声环境的良好体验[175]。另一个可

能的原因是,喷泉声与实验图片的视觉要素较为一致。如图 6-4 所示,实验所用城市公园照片中展示了大面积的流水,与喷泉声更为和谐融洽,而少有与音乐声、鸟叫声和风铃声相协调的视觉元素。这一结果进一步验证了视听一致性是影响环境恢复性的重要因素[192]。此外,溪流声的视听一致性也较高,但是恢复性效果比喷泉差,这可能是因为溪流声和喷泉声的心理声学特征不同,尤其是波动强度和粗糙度。如表 6-2 所示,喷泉声具有较低的波动强度(0.005 vacil)和粗糙度(1.91 asper),而溪流声具有相对较高的波动强度(0.036 vacil)和粗糙度(2.85 asper),这意味着喷泉声具有较低的时域波动度,因此更容易让儿童恢复平静和放松。

　　另外,值得注意的是,城市公园本身的环境噪声在一定声压级范围内似乎能够对儿童的生理健康(特别是男孩)提供相当好的恢复作用。一种可能的原因是孩子们非常熟悉城市公园中的噪声声源,如说话声、嬉闹声、公园音乐声等,因此他们并没有把这些声音视为令人感到烦恼的噪声,而是将其作为城市公园的普通背景声音。在模拟的公园场景中,这些声音反而会使孩子们有亲切感和归属感,使其在一定程度上得到放松和休息[193]。因此,一定声压级水平下的环境噪声可能不容易引起儿童较大的生理反应变化。该结果在一定程度上表明,城市公园声景在恢复性方面是介于城市和自然之间的。

　　然而,公园背景噪声与其他潜在的恢复性声景相结合后,并没有在儿童的压力水平上体现出显著的恢复性作用。不仅如此,与公园背景噪声相比,安静环境下(即单纯地降低噪声水平)男孩的皮肤电水平恢复程度更小。较为合理的解释是,安静环境提供了一种完全无干扰的情况,因此未能表现出恢复性声景的主要特质——吸引力。一些被试在实验结束后的访谈中提到,安静环境下他们反而被其他想象中的事物分散了注意力,这种想象可能潜在地影响了他们的生理反应。由此可见,安静环境对儿童和成人的恢复性作用有所不同,以往的研究大都表明了城市安静地区对成年人具有良好的恢复性作用[109]。另外,这一实验结果也支持了以往的众多研究,因为它表明良好声环境的创造不能仅仅依靠噪声控制来实现,应将更多的注意力转移到整体声景设计上[194]。

　　研究结果还显示,儿童的皮肤电和心率在整个恢复期呈现出不同的变化趋势。皮肤电水平在恢复期开始迅速下降,但在恢复期结束时呈现出增加的趋势,而且不同的城市公园声景下儿童皮肤电的变化趋势和程度也有所不同。相比之下,儿童的心率水平仅在恢复开始的 30 s 内显著下降,然后迅速上升至基准水平左右,并基本保持稳定,而且不同城市公园声景下儿童心率的变化情况没有显著差异。由于皮肤电通常作为自主神经系统的指标,而心率通常作为心血管系统的显著指标[124],因此这些生理指标的恢复情况可能潜在地表明了公园声景对儿童的自主神经系统有一定的恢复性影响,但对儿童的心血管系统可能并没有显著影响。另外,尽管结果表明,不同的健康指标在声景暴露下需要不同的恢复时间,但是尚不清楚这种趋势是否会持续更长的时间,而且儿童的其他健康指标(如血压)在恢复期间内如何变化也尚未可知。因此,在未来的研究中可能需要考虑更长的恢复期和更多其他健康指标。

　　第二实验阶段的结果表明,不同的声景类型在愉悦度和唤醒度两个方面具有显著差异,但在控制度上却没有显著差异。这与心理学的情绪理论模型相一致,个体的情绪主要体现在情绪效价和情绪唤醒两个方面,而情绪控制在不同的研究中显示出不同的结果[187]。因此,未来关于声景对儿童情绪健康的恢复性作用应主要集中在愉悦度和唤醒度上。此外,儿童在愉悦感和唤醒度上的情绪评价与皮肤电和心率水平的恢复并没有显著的相关关系,这一方面是由于儿童对愉悦感和唤醒度的评价呈明显的偏态,数据分布不均匀,因此目前的样本量不足以支撑相关性分析;另一方面,这个结果表明了儿童的生理测量和情绪评价可能是两个独立的压力指标,即声景对生理恢复和情绪恢复的作用机制是相对独立的,因此后续关于声景对压力的恢复性作用的研究应该继续同时关注生理和情绪两个方面。

6.5.2　结论

　　在模拟的城市公园场景中,研究人员通过实验测试了被试在播放声景前后生理压力和情绪压力的恢复,可以得出以下结论(表6-9)。

(1)对于生理压力,城市公园的所有声景类型都可以在一定程度上起到显著的恢复性作用。但是,添加潜在恢复性声景(如喷泉声)可以进一步促进儿童皮肤电水平的降低,而对儿童心率水平没有显著影响。心率水平的降低可能仅仅是由于压力任务的消失和时间的流逝。

(2)关于情绪反应,5种具有潜在恢复性的公园声景在愉悦度和唤醒度方面均显示出比公园背景噪声更显著的恢复性效果,但对控制度却没有显著影响。

(3)城市公园的背景噪声在一定程度上对儿童的生理健康具有较好的恢复性作用,但是对儿童的情绪健康却有负面影响。

(4)无论是在生理指标还是在情绪反应上,公园声景对男孩和女孩的压力缓解作用均有显著差异,因此针对儿童压力反应的恢复性声景的研究和设计应该重点关注性别差异。

表6-9 声景对儿童压力缓解的效果验证总结

声景	生理恢复		情绪恢复		
	皮肤电	心率	愉悦感	唤醒度	控制度
安静	+**	+**	无	+**	无
音乐声	+**	+**	+**	+	无
溪流声	+**	+**	+*	+*	无
喷泉声	+**	+**	+*	+	无
风铃声	+**	+**	+	+	无
鸟叫声	+**	+**	+*	+	无
背景噪声	+**	+**	−	−	无

注:+表示恢复作用,−表示消极作用;*和**分别表示在0.05和0.01水平上的显著性。

第7章 学龄儿童恢复性声景的设计策略

前文相继探索了对学龄儿童具有恢复性潜力的声景,对恢复性声景的特征进行了研究,并从学龄儿童注意恢复和压力缓解的角度对声景的实际恢复性作用进行了实验验证。至此,恢复性声景对儿童健康影响的复杂多样业已得到充分的体现。由此可见,针对学龄儿童的恢复性声景的营造是复杂而多元的过程,既要从声学角度考虑恢复性声景的特征,也要充分考虑不同儿童的恢复性需求和群体特征,还要从建筑、景观和规划的角度探讨声与景如何充分有效地设计融合。因此,建筑师、规划师、声学设计师、环境研究者及使用者都应参与到这一过程中[195]。

本章在前文恢复性声景调查和实验的基础上,按照循证设计理念,制定了儿童恢复性声景的设计目标,将研究成果逐步应用到恢复性声景的设计营造中,并基于不同场所的空间特征提出一系列具体的声景设计建议。

7.1 儿童恢复性声景的设计思路

7.1.1 设计理念

近年来,随着声环境研究的日益完善,越来越多的学者开始着眼于考虑如何将理论研究成果应用于实际的城市规划与设计实践中[196]。因此,为了将本课题的研究成果逐步实现于具体的设计策略中,笔者采用了循证设计(Evidence-Based Design, EBD)的理念。这一概念诞生于20世纪80年代的美国。"循"的意思是遵循和依照,"证"的意思是证据或数据,循证设计即通过科学的研究方法和充分的统计数据来获得设计依据,证实建筑环境对治疗效果、工作效率、运营成本等方面的积极影响,从而指导建筑设计[197]。

循证设计的理念来源于循证医学(Evidence-Based Medicine,EBM),循证医学通过转译将基础研究的成果应用于临床试验[198]。相应的,循证设计则通过转译将基础研究的成果应用于设计实践。循证设计是一个循环往复的过程,首先要确定研究和设计的目标,通过证据分析和实证研究得到科学的数据作为设计的支撑和依据,在此基础上建立设计模型或框架。然后进行实际的设计应用,并获得使用后的评价反馈,总结其中的经验、问题和不足,继而进行下一步的研究和完善。如此循环往复,基于科学依据不断地对设计方法进行改进和优化,从而推动整体设计水平进步。循证设计程序如图7-1所示。

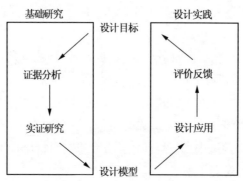

图7-1 循证设计程序

医疗建筑设计是最早引入循证理念的建筑设计领域。恢复性环境两大理论之一——"压力缓解理论"的创始人Ulrich于1984年在科学杂志上发表了一篇学术论文《窗外视野可能影响患者的术后恢复》[133],这项研究在1972~1981年对46名胆囊切除术后患者的恢复情况进行了记录。研究结果表明,与病房窗户朝向人工建筑的患者病房相比,窗户朝向自然景观的患者的药物需求更少,而且出院时间更快。这篇文章被学术界作为循证设计的萌芽和起点。此后,以这项研究为基础,学术界陆续开展了多项针对医院环境对患者身心健康影响的研究[199]。1991年,Ulrich发表了《室内设计对健康的影响:理论和最新科学研究》,对之前的相关研究进行了总结分析,并提出了著名的恢复性环境"压力缓解理论"及相对应的健康支持性建筑设计理念[200]。后来,众多学者对这一设计理念进行了科学研究和实践,而循证设计的定义是由 Hamilton 在 2004 年第一次提出的,认为循证设计的概念包括目的、过程和结果三部分,指出"循证设计是一个设计师与使用者一起,通过认真、明确并理智地使用研究和实践中的最新颖和最有效的证据来制定设计决策,并针对每个项目的特征来制定设计思路的过程"[201]。

2010 年,Ulrich 以医疗建筑为例,提出了循证设计的概念框架,如图 7-2 所示,概念模型包括了环境设计要素、对使用者的结果和对组织系统的结果,以及影响结果的其他因素[202]。其中,声环境在环境设计要素中首当其冲,是健康支持性环境的重要设计因素。

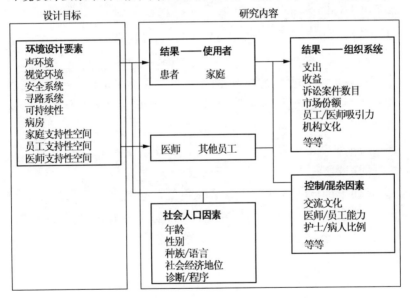

图 7-2　医疗建筑环境循证设计概念框架

资料来源:作者根据参考文献[202]绘制

7.1.2　设计目标

从循证设计的理念中可以看出,明确具体的设计目标是营造儿童恢复性声景的前提和基础。根据第 4 章实验室主观评价的结果，可以发现对儿童具有恢复性作用的声景具有以下三种主观特质：①吸引力，即声景本身应足够有趣，能够引发并维持儿童的"无意注意"，同时将儿童的思维从原本高度集中的"有意注意"中抽离；②兼容性，即声景设计需要以空间功能为依托，只有这样才能与儿童当下的身心需求和行为状态相契合，儿童才能尽快习惯和适应声景的特征；③一致性，即环境声音的类型特征应符合当下视觉场景的功能设置，与周围的视觉场景能够协调一致。

综上所述，本课题的设计目标可以归纳为营造具有吸引力、兼容性和一致性的儿童恢复性声景体系。不仅如此，根据恢复性理论，上述儿童感知的恢复性声景特质最终都是为了两个目的而服务：儿童的注意恢复和儿童的压力缓解。前述的实证研究结果表明，针对不同的儿童健康指标，恢复性声景也各有不同，因此儿童恢复性声景的设计目标不能一概而论，而应该具体问题具体分析。

1. 支持儿童注意恢复的声景设计目标

支持儿童注意恢复是指恢复性声景对于儿童注意损耗的恢复和改善。"有意注意"是一种简单的认知元素，同时也是其他更复杂的认知能力的基础。第 5 章实证研究中验证了不同声景对于儿童持续注意力和短时记忆力的恢复性作用。研究结果表明，支持儿童注意恢复的声景设计目标包括以下四个方面。

（1）添加对儿童注意力具有恢复性的声源类型。前述研究得出，当小学教室的背景噪声级控制在国家标准规范规定的范围内时，添加音乐声、鸟叫声、溪流声和喷泉声都能够有效地促进儿童持续注意力和短时记忆力的恢复，其中溪流声和喷泉声的恢复性作用最好。因此，支持儿童注意恢复的声景设计应在原有声环境的基础上添加具有恢复性的声音类型。

（2）避免过高的背景噪声级。以往大量研究已经表明，环境噪声对儿童的注意力、记忆力等认知能力有负面影响。本课题的研究结果在一定程度上支持之前的研究结果：当教室背景噪声水平符合国家标准时，仍然对儿童的反应抑制能力具有显著的负面影响，更不必说实地测试结果表明目前小学教室的噪声级现状普遍高于国家标准。但是,45 dB(A)的背景噪声对儿童的反应速度和短时记忆力并没有显著的不利影响。因此,后续应重点关注哪种环境噪声类型对儿童的反应抑制能力有负面作用,然后针对具体噪声源采取降噪措施,不能一概而论。

(3)避免过度安静的空间环境。尽管许多研究表明,安静环境或安静区域具有良好的恢复性潜力,但是这些研究大都以成人为研究对象,而且主要采用主观评价的方式进行研究。本书通过实证研究对学龄儿童进行了分析,结果证明,几乎完全安静无干扰的环境[约22 dB(A)]并没有有效地实现儿童注意恢复。无论是反应速度、反应抑制,还是记忆广度,3 min的安静休息后都没有显著差异。因此,尽管仍然需要避免过高的背景噪声级,但支持儿童注意恢复的声景设计重点不应集中在降噪上,否则成本较大且收效甚微。

(4)需要考虑儿童注意基准水平的差异。学龄儿童正处于认知能力迅速发展的阶段,由于发展速度的个体差异,不同年龄段或者同一年龄段的不同儿童,注意能力基准水平参差不齐。前述研究结果表明,反应抑制能力越差的儿童,声景对他们的恢复性作用越好。因此,支持儿童注意恢复的声景设计也应"因材施声",对不同注意水平的儿童采取不同的声景设计策略,更加有效地发挥声景的恢复性作用。

2.支持儿童压力缓解的声景设计目标

支持儿童压力缓解是指恢复性声景对于儿童精神压力的减少和缓解。儿童的精神压力体现在客观生理反应和主观情绪反应两个方面。第6章实证研究中验证了不同声景对于儿童生理健康和情绪健康的恢复性作用。研究结果表明,支持儿童压力缓解的声景设计目标包括以下四个方面。

(1)添加对儿童精神压力具有恢复性的声音。实证研究结果表明,在1类声环境功能区背景声压级的标准下,添加任何具有潜在恢复性(即具有吸引力、兼容性和一致性)的声音都可以有效地促进儿童生理压力和情绪压力的恢复。不仅如此,公园的背景噪声本身对儿童的生理压力也具有同样的恢复作用。因此,支持儿童压力缓解的声景设计应添加一些儿童感知的具有恢复性作用的声音类型。此外,如果综合考虑生理和情绪两个方面,应尽量增加喷泉声,同时降低背景噪声。

(2)避免过度安静。尽管在 3 min 安静休息后,儿童的生理压力水平显著降低,但是与其他声音(包括公园背景噪声)相比,安静的恢复性作用程度是最差的。不仅如此,安静环境对于儿童情绪愉悦感也并没有积极作用。因此,与支持儿童注意恢复的声景设计一样,针对儿童压力恢复的声景设计也无须将重点集中在创造安静环境上。

(3)考虑声景的体验时间。研究表明,对于皮肤电和心率这两个儿童生理压力恢复性指标,它们在 3 min 声景播放中的降低速度和变化趋势都不同。不仅如此,对于同一指标,不同声景播放下的变化趋势也有所不同。例如,对于以皮肤电为指标的儿童压力状态,在 3 min 恢复期结束的时候,音乐声、鸟叫声、风铃声环境下儿童的压力水平变化平缓,但仍有所降低,但在溪流声、喷泉声和背景噪声等时域波动较小的声景下,儿童的压力水平呈现上升趋势。可见,支持儿童压力缓解的声景设计不仅要考虑声景的类型特征,还要考虑通过空间和时间设计等方法,针对不同声音或不同目的,让儿童体验不同时长的声景。

(4)考虑性别差异。实证研究表明,对于生理压力的恢复,儿童的性别与声景类型和播放时间都有显著的交互作用。换句话说,对男孩和女孩的生理压力具有恢复性作用的声景类型不同,而且声景对男孩和女孩的恢复性作用的变化趋势也不同。此外,男孩和女孩对安静环境的情绪反应也不同。因此,支持儿童压力缓解的声景设计应考虑男孩和女孩的性别差异,针对男孩和女孩各自的心理特征和行为特征进行针对性的声景设计,以达到有效缓解儿童压力的作用。

7.1.3 设计思路

本课题已经通过社会调查、主观评价和实验研究得到了一系列研究成果,以此明确了恢复性声景的设计目标。因此,根据循证设计的理念,本书提出了针对学龄儿童的恢复性声景设计思路,如图7-3所示。

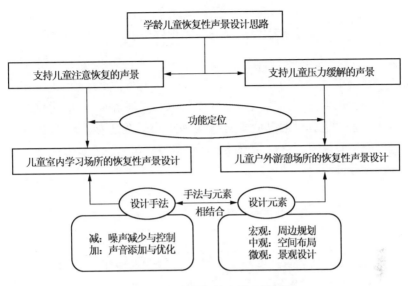

图 7 - 3　儿童恢复性声景设计模型

　　基础研究成果是儿童恢复性声景设计模型的基础和依据,根据前述的研究思路,儿童恢复性声景的设计目标包括两个:支持儿童注意恢复的声景和支持儿童压力缓解的声景。根据设计目标,结合场所的功能定位,进一步确定儿童恢复性声景的设计对象。如前所述,教室等室内学习场所是儿童认知能力发展的主要场所,而公园等户外游憩场所则是儿童休息放松和缓解压力的典型场所。因此,笔者将对这两种空间场所分别提出恢复性声景的具体设计策略。

　　恢复性声景的设计策略基于设计目标的要求,通过设计手法和设计元素两方面的结合来实现。其中,设计手法延续了声景设计的主要方法:一是"减",即通过采取一些干预措施来减少和控制目标场所的噪声级,如增加隔声屏障、利用吸声或隔声材料及结合景观地形变化来阻隔噪声等;二是"加",即通过空间设计创造或引入对儿童具有恢复性作用的声景元素,如结合景观添加流水声、鸟叫声等。另外,恢复性声景的设计元素是恢复性理念实现的最终载体,无论是室内学习场所还是户外休憩场所,设计元素是复杂多样的,笔者将按照从"宏观的场所规划—中观的空间布局—微观的景观设计"三步走的思路对两种场所类型提出更为细致的设计建议。

7.2 儿童室内学习场所的恢复性声景设计策略

不同的学习场所都会关注儿童的认知发展诉求,其功能单元间有所重叠。笔者仍然以最典型、最常见的小学教室为参考,提出有利于儿童注意恢复的室内学习场所的声景设计策略。儿童室内学习场所的恢复性声景设计思路见表7-1。

表7-1 儿童室内学习场所的恢复性声景设计思路

研究结果	设计目标	设计策略
溪流声和喷泉声可以有效促进儿童注意恢复,其次是音乐声和鸟叫声	添加恢复性声音	首先结合校园景观引入溪流声、喷泉和鸟叫声;其次可以考虑通过播音方式增加音乐声
背景噪声对儿童反应抑制力具有负面影响	适度降低背景噪声	选址避免交通噪声和嘈杂的居民区;教学空间远离操场等户外活动区域;建筑围护结构采取较好的隔声材料或构造;教室内合理布置吸声材料;通风系统或教学设备降噪;桌椅、地面等容易摩擦的地方采用软性材料
安静环境对儿童注意恢复没有显著影响	避免过度安静的室内环境	添加溪流声和喷泉声等有益于儿童注意恢复的声音,并且有针对性地进行降噪
恢复性声景可能对注意力基准水平较低的儿童的反应抑制力具有更好的作用	考虑注意基准水平的差异	通过教学课程或班级设置使不同注意水平的儿童进行不同程度的声景接触

7.2.1 规划布局

对于室内学习场所而言,噪声源很大一部分来自于户外周边。

以本课题的前期调查地点——天津市某小学为例,周边的社区生活噪声及操场上的体育活动噪声,都是小学教室的主要噪声来源。因此,校园的选址应远离城市道路、居住区等环境嘈杂的区域,校园的规划布局也应该避免教室临近操场。

2011 年我国颁发的 GB 50099—2011《中小学校设计规范》中规定,"学校教学区的声环境质量应符合现行国家标准《民用建筑隔声设计规范》GB 50118 的有关规定",即学校普通教学用房的背景噪声级限值为 45 dB(A)。因此,"学校主要教学用房设置窗户的外墙与铁路路轨的距离不应小于 300 m,与高速路、地上轨道交通线或城市主干道的距离不应小于 80 m。当距离不足时,应采取有效的隔声措施"。此外,"学校周界外 25 m 范围内已有邻里建筑处的噪声级不应超过现行国家标准《民用建筑隔声设计规范》GB 50118 有关规定的限值"。其中关于教室外窗与运动场地间距的要求是,"各类教室的外窗与相对的教学用房或室外运动场地边缘间的距离不应小于25 m"。规范条文说明中解释,这样规定的原因为"上体育课时,体育场地边缘处噪声级约 70 ~ 75 dB,根据测定和对声音在空气中自然衰减的计算,教室外窗与校园内噪声源的距离为 25 m 时,教室内的噪声不超过 50 dB"。但是,在实际的学校规划设计中,由于用地有限等客观原因,很多学校的教室外窗与操场距离都不满足规范要求。不仅如此,前述研究结果表明,45 dB(A)的背景噪声对儿童的注意恢复仍有潜在的危害。因此,小学校园的规划应更加严格地按照上述国家标准执行。

例如,浙江省杭州市杭行路小学,校园选址西侧和北侧临近城市主干道,东侧和南侧是运河景观,风景清幽。因此,为了缓解场地西侧城市主干道带来的交通噪声影响,将运动场地设置于西侧作为过渡空间,开阔的运动场地也提供了良好的景观视野。北侧以停车场和广场组成校前集散区,开放的前场空间,容纳家庭接送车辆,缓解了城市交通道路拥堵的状况(图 7 - 4)。

7.2.2 建筑设计

室内学习场所的建筑设计主要以降噪为目标,需要考虑两个方面:空间布局和材料使用。

图7-4 杭行路小学总体规划

（1）教室的空间布局应尽量避免临近空间中噪声的影响。相邻教室的教学活动噪声是影响儿童注意力的主要噪声源之一。标准化设计的传统教室排列形式通常是通过走廊串联起来,教室与教室之间仅有一层隔墙,因此,难免会受到彼此教学活动噪声的影响。为了解决这个问题,一方面可以提高教室隔墙的隔声性能,另一方面可以尝试采用另加灵活分散的教室空间布局,将课间活动的走廊空间分散打乱,穿插于各个教室之间。这样不仅可以达到上课期间隔绝临近教室噪声的目的,同时可以创造更加丰富多样的课外公共活动空间。

（2）教室、地面等采用软性材料,减少桌椅碰撞、摩擦的声音。学龄儿童的行为特征是活泼好动,因此教室内常常出现桌椅碰撞、文具掉落地上等引起的突发噪声,这种声音的特点是不可预期性,因此容易干扰学生的注意力。从前述研究中可以发现,溪流声、喷泉声等时域波动较为稳定的声音对儿童的注意力具有更好的恢复性作用,而风铃声等波动较大的声音并不利于儿童注意疲劳的恢复,更不用说摩擦和碰撞等突发噪声。因此,教室的地面可以采用橡胶等软性材料,课桌可以采取措施使其固定或者不易挪动。

7.2.3 声景设计

创造支持儿童注意恢复的教室声景,最有效的方式是添加具有恢复性作用的声景元素。添加的声景元素应对儿童具有一定的吸引力,但是不会干扰教学活动的进行,应与儿童的学习行为相契合,而且能够与教室的视觉环境融为一体。

(1)引入流水声景,减少注意疲劳。根据本书第 5 章的研究结果,溪流声和喷泉声是对儿童注意疲劳最具恢复性作用的声音。尽管这两种流水声都是典型的户外景观元素,但是可以通过在教室临近的校园或室内公共空间适当进行水景设计来实现,公共区域的水景不仅具有良好的视听效果,而且对于公共区域的噪声具有较好的掩蔽效应。例如,在校园的户外公共空间设置喷泉景观,或者在教学楼的入口等公共空间区域设置小型的喷泉和水池,都是比较理想的引入流水声的设计方法。

(2)利用校园播音,改善课间声环境。除了溪流声和喷泉声等自然声,音乐声也被证明是对儿童注意疲劳有显著恢复性作用的声音元素。在学习场所中添加音乐声,最直接简单的方法就是通过扬声器播放,尤其是在课间播放,为下课休息的儿童创造一种轻松愉悦的声音环境,使处于疲劳状态的注意力资源得以补充恢复,重新投入下一节课程的学习中。值得注意的是,音乐声种类丰富多样,对于音乐的喜好存在很大的个体差异,因此在选择音乐类型时建议采用学龄儿童较为熟悉、节奏平缓且没有歌词的音乐,因为这类音乐更加具有普适性。

另外,研究结果表明,铃声对于儿童的注意疲劳并没有显著的恢复性作用,甚至有潜在的负面影响。因此,可以采用音乐声来替代普通铃声,融入学龄儿童的日常学习生活。

(3)通过教学分班或教室座位布置来解决个体差异问题。研究结果表明,声景对儿童的注意恢复可能存在基准水平的差异,具体而言,恢复性声景可能对注意力基准水平较低的儿童具有更好的作用。尽管这一研究结果仍然需要进一步的研究和验证,但是对声景设计仍有一定的启发。具体而言,可以通过采取教学分班和座位布置的方式对不同注意基准水平的儿童进行空间上的分组,使不同注意水平的儿童群组进行不同程度的声景接触。

7.3 儿童户外活动场所的恢复性声景设计策略

　　户外活动场所不同于儿童日常生活的人工建成环境,例如,公园比高楼大厦、人工构筑的城市环境更具恢复性。对于学龄儿童来说,公园等户外活动场所是游乐玩耍、休闲放松、减缓学业压力的常见场景,户外活动场所的恢复性声景可以引发儿童良好的心理体验,引起生理压力的放松和情绪反应的舒缓。笔者根据前述的研究成果和预定的设计目标,以城市公园为例,提出有利于儿童压力缓解的户外场所声景设计策略。儿童户外活动场所的恢复性声景设计思路见表7-2。

表 7-2　儿童户外活动场所的恢复性声景设计思路

研究结果	设计目标	设计策略
所有具有潜在恢复性的城市公园声景都可以让儿童的皮肤电水平显著恢复,并有效减缓情绪压力	添加恢复性声音	结合户外景观设计添加音乐声、鸟叫声、喷泉声、风铃声和溪流声
安静环境对儿童生理压力的恢复性作用最差,且对情绪愉悦感并没有显著的促进作用	避免过度安静	不必采取过多措施降低户外活动场所的噪声水平。此外,添加其他有益于儿童压力缓解的声源类型
不同声景播放下,儿童生理压力水平的变化趋势有所不同	考虑声景的体验时间	通过功能分区设计声景体验流线,通过驻留时间改变声景的体验时间
公园声景对男孩和女孩的压力缓解作用有显著差异	考虑性别差异	对男孩和女孩不同的活动区域采取不同的声景设计

7.3.1　规划布局

在实验室主观评价中,交通声、施工声和脚步声等城市声在公园场景中的恢复性评价较差,因此,仍然需要采取一定的措施降低公园周边的交通声、施工声等环境噪声。

社会调查中发现,很多公园外侧往往紧邻城市主干道,来往的车辆、人流、建筑施工是城市公园内的主要噪声源,不仅从听觉方面给公园内部带来了严重的噪声污染,而且在视觉上也渗透进公园环境,导致公园内部也很难远离城市喧嚣,破坏了公园内的自然风景。目前,虽然没有明确的国家规范对公园的背景噪声级进行规定,但是以天津市所调研的 4 个城市公园为例,背景噪声根据《天津市〈声环境质量标准〉适用区域划分》中的 1 类功能区要求确定,昼间环境噪声限值为 55 dB(A)。因此,针对以城市公园为典型的儿童户外活动场所,可以采用以下几方面的设计建议。

(1)为了控制公园外部噪声对公园内部的影响,可以制定相应的噪声标准,保证公园空场状态下在一定的噪声限值内,预防交通噪声、建筑施工声对儿童生理和情绪的负面影响,充分发挥城市公园的恢复性价值,综合提升城市环境的恢复性质量。

(2)利用多层次树木空间来屏蔽和弱化公园外部噪声所带来的干扰。城市公园的规划选址难免会毗邻城市干道,周边的交通噪声不可避免。除了从城市规划和城市管理的角度予以解决,还可以采用绿化种植进行减噪。多层次的绿化空间一方面能够有效地减弱噪声,降低城市噪声的负面效应;另一方面也为恢复性声音的添加创造了条件,对儿童具有恢复性效应的鸟叫声、树叶沙沙声等都离不开公园的绿化空间。因此,树木绿植的选择可以根据鸟儿及枝叶类型来确定,有意安置鸟儿喜欢栖息的植物和四季都有枝叶的搭配。

(3)将水域空间作为公园边界。通过研究表明,无论是喷泉声还是溪流声,都能够有效地促进儿童群体的压力缓解。利用水域空间分割外部城市空间和内部公园,不仅可以充分利用流水声良好的掩蔽效应来弱化城市噪声,而且可以增加与外部城市的距离,使城市噪声进一步衰减,负面影响进一步减弱。

7.3.2 功能空间

城市公园的功能定位各有不同,不同的功能定位代表了不同的公园规模和风格。学龄儿童与成年人的生理特征和情绪反应有很大不同,因此创造对儿童群体具有恢复性的公园声景,需要考虑学龄儿童的特殊需求。

(1)功能多元化以丰富场所声景。通过研究可知,儿童与成人不同,公园内的背景噪声,如儿童嬉闹声等,对他们生理压力的恢复具有显著的促进作用,尤其是对于男孩。此外,尽管公园背景噪声对于儿童情绪有潜在的负面作用,但效果并不显著。总体来说,公园内部的背景噪声对于儿童反而具有一定的恢复性作用。因此,公园内不必采取过多的措施来降低背景噪声,如唱歌声、说话声、嬉闹声等。恰恰相反,丰富多彩的居民休闲游玩的活动声对于学龄儿童而言是非常有益的恢复性声音,能够促进儿童生理压力的显著缓解。因此,应将公园的功能布局多元化,为丰富的休闲活动创造多种多样的空间场所,进而丰富公园的整体声景,以最低的成本为儿童创造一个具有较高恢复性的声环境。

此外,尽管丰富多彩的居民休闲活动对个体而言是非常有价值的恢复性活动,但活动产生的声音对环境恢复性质量造成的影响存在较大的个体差异,因此需要必要的规划设计手段将不同的休闲活动区域进行适当分隔。例如,通过声景规划,设计特色声景区域和声景过渡空间,同时以山坡或水体围合场地、设置下沉广场等空间设计手段为负效益休闲活动提供相对独立的声场区域。

(2)功能分区化以针对不同性别的儿童进行合理的声景设计。研究表明,音乐声、溪流声、鸟叫声、喷泉声、风铃声、背景噪声、安静环境对所有儿童的压力恢复都有显著的恢复性作用。但是对于男孩和女孩,不同的声音对于不同压力指标的恢复性作用却各不相同。因此,对于男孩和女孩,应该进行合理的功能分区,针对他们不同的需求分别进行声景设计。对于男孩,活泼热闹的公园背景噪声能够有效促进他们生理压力的恢复,而安静的环境则不利于他们的情绪反应,因此应设置游乐设施,促进群体活动,避免幽静环境。对于女孩,平稳的喷泉声能够有效促进她们生理压力的恢复,安静的环境则有利于她们的情绪愉悦和缓和,这表明女孩需要相对安静、自然的环境,因此可以设计水流、远离喧嚣的空间设计等。

(3)功能空间的流线设计与声景体验的需求相契合。研究表明,不同的声音类型对儿童压力恢复的作用时间不同。例如,溪流声、喷泉声、背景噪声和安静环境等波动较小、时域变化比较稳定的声音,作用时间比较短,而音乐声、鸟叫声等波动较大的声音,作用时间比较长。因此,不同功能分区的声景设计应考虑声景的体验时间,可以根据不同声景的恢复性作用时间设计一条恢复性声景体验流线,以充分发挥公园声景对儿童的恢复性效应。

7.3.3　声景设计

声景设计的最佳方式在于将声和景进行一体化设计,而非单纯地通过广播等人工方式添加恢复性的声景元素。通过实验验证,音乐声、鸟叫声、喷泉声、溪流声和风铃声都能够极大地促进学龄儿童的生理压力恢复和情绪压力缓解,因此,笔者以这几种恢复性声音为例,提出几点公园恢复性声景的添加和设计建议。

(1)音乐融入景观,创造主题声景。研究发现,音乐声是最能促进儿童情绪愉悦感的声源类型,同时也能有效地促进儿童生理压力的恢复。在户外活动场所添加音乐声最简单直接的方式就是通过扬声器播放。前期的调研发现,目前公园等户外场所的音乐声主要是广场舞伴奏、唱歌声及乐器演奏声,目标人群为中老年人。对于学龄儿童来说,音乐声对于压力缓解非常重要,所以可以选择一些儿童喜欢而且熟悉的音乐声,通过演奏活动等方式添加到环境中。此外,音乐声的添加可以结合景观设计,创造声景主题的景观。例如,丹麦北部城市奥尔堡有一个美丽的音乐公园(Klideparken),自 1987 年以来,许多艺术家通过种一棵树的形式来纪念他们的到来,每棵树木都伴随着艺术家自己的音乐。公园的游客可以通过按动树脚下的按钮来激活音乐,这些"会唱歌的树"成为一处独特的声景,因此这里被评为丹麦 20 个不可错过的景点之一(图 7 - 5)。

图 7 - 5 丹麦奥尔堡音乐公园

除了直接添加音乐声,还可以通过景观设计来进行现场的音乐演奏。例如,在克罗地亚的扎达尔(Zadar)海岸,海浪声和音乐声交相辉映。随着大海在大型"风琴"上演奏出各不相同的赞美诗歌,形成了一种不同寻常的声景。在通往海边的阶梯下,设计师根据风琴的原理建造了专门设计的管道。管道与海浪直接接触,并受到海浪运动的触发,不断涌现新的旋律。该结构与建筑和景观很好地融合在一起,形成了一道别样的海滨声景(图 7 - 6)。

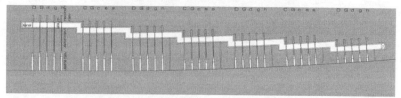

资料来源:www.oddmusic.com/gallery/om 24550.html

图 7 - 6 克罗地亚扎达尔海岸音乐声景设计

（2）营造多样水景，声景引导行为。喷泉声和溪流声等流水声也是能够促进儿童压力缓解和情绪平缓的恢复性声音。在户外场所中添加水声的方式多种多样。儿童群体活泼好动，因此可以通过儿童和水体的互动来创造一个融入环境的水声景。例如，通过地势起伏等手法创造跌落溪流或互动喷泉，不仅可以创造丰富多样的流水声，而且可以为儿童提供富有想象力的游乐玩耍的理想场所。结合流水创造游乐空间是在高密度的城市环境中促进儿童接触自然元素最为简洁有效的设计方法。

（3）引入生物声景，营造生态环境。研究表明，与成人一样，自然声对于儿童群体的恢复性作用普遍高于城市声。尤其是以鸟叫声为代表的生物声，在公园场景中对儿童群体具有较好的恢复性。通过调查发现，儿童对于蝉鸣声、蛙鸣声的恢复性评价也很高。人们这种喜好亲近自然的天性，被称为亲生命性（Biophilia），表现为人们喜爱具有生命或类似生命形式的非人工环境[203]。如前所述，大量恢复性环境研究表明，自然本身就具有很高的恢复性价值，这种恢复性价值体现在各个方面，通过声、光、味等多种感官渠道被人类获取，而对自然的接触对于儿童的身心健康来说更是至关重要的。当今社会日益增长的儿童肥胖率、少儿多动症、儿童孤独症及其他心理疾病其实与儿童同自然接触时间长短密切相关，这些因缺少与自然接触而引发的"自然缺失症"问题日益严重。

其中，听觉在与自然的接触中扮演了非常重要的角色。因此，在城市公园内加大对生态环境的保护力度，通过增加植被密度，为各种生物创造良好的栖息环境，增强物种多样性，进而营造虫鸣鸟叫、鱼语蛙声的充满自然野趣的户外声环境，是促进儿童压力缓解、提升整体环境恢复性的重要方面。

7.4　小结

本章以循证设计为基本设计理念，根据前述的基础研究结果，以儿童注意恢复和压力缓解为设计目标，提出了儿童室内学习场所和户外活动场所的恢复性声景设计策略，对规划布局、功能空间和声景设计三方面的设计元素采取"加"和"减"的设计手法，并分别提出了详细的设计建议。

结论与展望

环境噪声对儿童健康的影响已经被广泛地研究和讨论,但是环境噪声的控制所带来的健康效益是十分有限的。本课题首次针对学龄儿童的恢复性声景进行系统的调查、分析和验证,并取得了一系列研究成果。

本书的研究内容与结论总结如下。

(1)通过问卷调查和声学测量,初步探索了儿童对恢复性环境的需求、儿童生活环境的恢复性现状及其中具有潜在恢复性的环境声音。研究发现,学龄儿童普遍对恢复性环境有需求,而且这种需求随着年龄的增长而逐渐增加。此外,不同功能场所恢复性的决定因素也有差异:教室恢复性取决于其功能特性,而公园恢复性取决于其空间特性。然而,无论在哪种场所,就声环境而言,对学龄儿童具有恢复性潜力的声音仍以自然声居多。尽管如此,声学测量表明,目前教室和公园的背景噪声水平普遍较高,仍未达到国家标准的基本要求。

(2)采用实验室主观评价的方法探究了儿童对于不同声源类型和不同信噪比的恢复性感知评价。结果表明,对儿童来说,恢复性声景需要具备三个特质:吸引力、兼容性和一致性。在教室和公园中,吸引力和兼容性最高的声源类型一样,都是类音乐声,但一致性最高的声源类型不同,分别是语言声和生物声。在教室和公园的正常背景噪声水平下,添加信噪比为 5 dB 的主导声源时,儿童感知到的恢复性最高。尽管如此,声源类型仍然是影响儿童恢复性评价的主要因素。此外,儿童感知的声景恢复性与心理声学指标有相关关系,同时还受到性别和年龄等非声学因素的影响。

(3)通过实验验证的方法探究了教室声景对儿童注意恢复的实际作用。实验证实了教室环境中的喷泉声、溪流声、音乐声、鸟叫声对儿童持续注意力和短时记忆力的恢复性作用,但是这种作用只出现在儿童的反应速度和记忆广度上,对反应抑制力没有显著影响,这表明声景对于儿童不同复杂度的认知能力的恢复性作用可能不同。与成年人不同的是,安静环境对儿童的注意疲劳没有显著的积极作用,教室噪声对其也没有显著的消极作用。此外,儿童恢复性声景的研究还应该考虑儿童注意力基准水平的差异。

(4)通过实验验证的方法探究了公园声景对儿童压力缓解的实际作用。结果表明,儿童的皮肤电和心率水平在任何公园声景暴露中都会随着时间的流逝而自然地恢复。但是,儿童皮肤电水平的恢复还会进一步受到添加声景的影响:与公园正常的背景噪声相比,喷泉声会进一步促进皮肤电的恢复,而安静环境则不利于皮肤电的恢复。添加声景会显著提高儿童的情绪愉悦感,同时降低情绪唤醒度,公园背景噪声则恰恰相反。此外,声景对男孩和女孩的压力缓解作用有显著差异。

(5)基于前述研究结果,以循证设计为理念,提出了儿童恢复性声景的设计思路。然后,以儿童注意恢复和压力缓解为设计目标,分别从室内学习场所和户外活动场所两方面提出了具体的恢复性声景设计策略,以期为今后的规划设计提供参考和依据。

上述研究结论通过比较和归纳有以下几点研究启发。

(1)在声音层面上,声源类型、信噪比、心理声学指标等声学因素都对儿童的恢复性感知有重要影响。其中,声源类型仍然是最重要的影响因素。但是,不同声源类型对儿童的心率和情绪控制度没有显著差异。这表明添加恢复性声景对儿童的心率和情绪控制度这两个健康指标可能没有直接的影响。

对于不同的声景类型,以喷泉声为代表的波动度较小、掩蔽效应较好的自然声景对儿童的总体恢复性作用是最好的,无论是注意恢复还是压力缓解。此外,溪流声对于儿童认知能力的恢复性作用也较好,音乐声和鸟叫声这两种儿童恢复性评价最高的声源则对情绪健康的恢复性作用最好。最后还需注意,安静环境对于女孩的压力缓解作用比男孩更好。上述结果表明,针对不同的恢复性目的,需要采用相对应的恢复性声景进行添加,只有这样才能真正有效地发挥恢复性声景的效能。

（2）在学龄儿童层面上，研究发现，与成人相比，针对学龄儿童的恢复性声景有所不同，在主观感知和实证作用上都是如此。例如，儿童对恢复性声景的三维度结构与成人的五维度结构不同，即他们对恢复性声景的评价更简单，仅考虑吸引力、兼容性和一致性；尽管自然声带给儿童的恢复性体验较好，但是音乐声、唱歌声、风铃声等人工声带给儿童的恢复性体验也同样很好；公园场所的背景噪声往往对成人有显著的负面影响，但在本研究中，其反而对儿童的生理压力等方面有潜在的积极作用；等等。这表明，学龄儿童对声环境的需求和反应与成人是不同的，儿童对各种恢复性声景的容纳度和接受度比成人更高。

此外，儿童的年龄、性别、基准水平等对于声景的恢复性作用存在一定程度的影响，这表明对于恢复性声景的研究应充分考虑学龄儿童的社会人口特征，这是探究声景恢复性机制不可或缺的一部分。

（3）在场所层面上，不同场所中的恢复性声景类型不同。换句话说，同一声景类型在不同场所中所带来的恢复性体验有很大差异。例如，对于儿童来说，生物声在公园中具有很高的恢复性评价，而其在教室中恢复性评价显著降低。因此，恢复性声景的研究与设计都需要考虑具体的场所背景，不能一概而论。

本研究在以下三个方面取得了创新性成果。

（1）首次从学龄儿童自身的角度来研究恢复性声景，充分考虑了学龄儿童在注意发展和压力反应上的特殊性，将恢复性声景的研究视野从成人拓展到儿童这一特殊群体。研究成果一方面展现了儿童的恢复性声景与成人的异同之处，另一方面探索了以往关于成人的恢复性声景研究还未触及的内在机制。

（2）创新性地将环境心理学领域的恢复性理论运用到儿童声环境的研究中，探讨了具有恢复性作用的声源类型、信噪比等声景特征，同时研究了恢复性声景对儿童身心健康的影响规律。研究成果弥补了以往从环境噪声的负面影响进行研究的局限，表明了当环境噪声水平满足标准规范的限值时，添加恢复性声景对儿童身心健康的恢复有不同程度的促进作用。

（3）在研究方法上，按照"探索—诠释—实证"层层递进的研究思路，分别结合社会调查、主观评价、实验验证研究方法，对学龄儿童恢复性声景进行了全面而系统的研究。研究成果基于学龄儿童特征，综合了恢复性与声景理论，不仅大大提高了研究结论的可信度，而且建立了较为完善的恢复性声景研究体系。

综上所述，本书针对学龄儿童的恢复性声景进行了系统研究，成果拓展到规划学、建筑学和声景学研究领域，不仅为儿童生活场所的优化设计奠定了理论基础，而且为声环境标准的制定和优化提供了证据参考。

研究不足与展望：

当前对恢复性声景的研究非常有限，以学龄儿童作为研究对象更增加了课题的难度，因此本研究中难免存在一些局限和不足，这也为后续的相关研究提供了一些可能值得拓展的研究方向。

（1）拓展适用的儿童对象。本研究主要集中在 7～12 岁的学龄儿童，由于这个年龄段的儿童处于身心发展的敏感期，同时有恢复性需求，因此，本课题的研究成果仅限于指导该年龄段儿童的日常声环境优化设计。年龄更小的幼儿和年龄更大的青少年，在认知和非认知的发展上都有各自的特殊性。因此，后续的研究可以将研究对象拓展到其他年龄段的儿童，甚至是特殊儿童，从而为更广泛的对象提供健康恢复的机会。

（2）挖掘潜在的恢复作用。本研究以持续注意力和短时记忆力作为注意恢复的测量指标，以皮肤电、心率和主观情绪评价作为压力缓解的测量指标，研究结果部分支持了恢复性理论。除了上述比较典型的恢复性指标，研究显示，恢复性环境因素还对其他高级认知过程、生理机制及行为睡眠等可能有显著影响。但是因为本书的篇幅有限，不能完整地探讨个体身心健康的各个方面。因此，今后的研究可以考虑继续探讨恢复性声景对儿童其他方面的影响，以更全面地挖掘声景的恢复性潜力。

（3）深入探讨影响机制。本书在每个核心章节中都探讨了声学因素和非声学因素对恢复性的影响，结果部分支持了心理声学特征、儿童性别、年龄、基准水平等因素的潜在影响，但仍然需要进一步的验证。后续研究可以从两个方面继续深入,一是加大样本数据的采集,形成更可靠、更具参考性的研究结论;二是对可能的影响因素进行更广泛的探查,如混响时间等其他声学指标、背景噪声水平、个体的家庭文化背景等,全面探索恢复性声景的作用机制。

(4)开展纵向研究。本课题探究了对学龄儿童具有恢复性作用的声景因素,但是由于被试能力和实验条件有限,笔者仅验证了短期声景体验的实际恢复性作用,实验结果显示了声景对儿童的恢复性作用程度随时间变化的可能。恢复性理论强调,环境因素对个体压力缓解的作用是非常迅速的,对个体注意恢复的作用则可能相对缓慢,而且压力状态和注意能力是相互影响的。因此,开展更长时间的纵向研究,观察更长时间的声景体验,甚至声景体验停止之后的一段时期内个体的恢复性效果是如何变化的,可以揭示声景恢复性作用的变化规律,这对于更有效地进行声景优化设计具有重要意义。

附　　录

附录1

学龄儿童恢复性声景调查问卷

亲爱的同学：

你好！

　　这份问卷是为了调查儿童生活环境,作为进一步改善儿童活动场所的参考。问卷不用填写姓名,答案没有对错之分。本问卷仅做学术研究,请您如实填写,谢谢您的参与！

性别：_____　　　年龄：_____　　　年级：_____

日期：___年___月___日　　　　　　地点：_____

---

1. 您目前的学习压力_____（单选）　　　　　（　　）

A. 一点也没有压力　　　　B. 好像有点压力

C. 比较有压力　　　　　　D. 相当有压力

E. 特别有压力

2. 在学习和生活中,您是否会感到疲劳？（单选）　（　　）

A. 一点也不疲劳　　　　　B. 好像有点疲劳

C. 比较疲劳　　　　　　　D. 相当疲劳

E. 特别疲劳

3. 您喜欢这个教室吗？（单选）　　　　　　　　（　　）

A. 一点也不喜欢　　　　　B. 好像有点喜欢

C. 比较喜欢　　　　　　　D. 相当喜欢

E. 特别喜欢

4. 教室的环境能让您感到愉悦吗？（单选）　　　（　　）

A. 一点也不愉悦　　　　　B. 好像有点愉悦

C. 比较愉悦　　　　　　　D. 相当愉悦

E. 特别愉悦

5. 如果这个教室让您感到愉悦,原因是_____(多选)(　　)

A. 有趣的课堂　　　　　　B. 友好的同学

C. 舒适的桌椅　　　　　　D. 开阔的窗外视野

E. 宽敞的空间　　　　　　F. 合理的布局

G. 充足的光线　　　　　　H. 自然的植物

I. 悦耳的课间音乐　　　　J. 先进的设备

其他:_____

6. 对于教室,您还希望有哪些改进?

_____

7. 您认为教室里的声音对环境重要吗?(单选)　　(　　)

A. 一点也不重要　　　　　B. 好像有点重要

C. 比较重要　　　　　　　D. 相当重要

E. 特别重要

8. 在教室里,您经常能听到哪些声音?(多选)　　(　　)

A. 说话声　　　　　　　　B. 笑声

C. 唱歌声　　　　　　　　D. 音乐声

E. 脚步声　　　　　　　　F. 空调声

G. 交通声　　　　　　　　H. 电脑或手机声

I. 各种乐器声　　　　　　J. 施工声

K. 鸟叫声　　　　　　　　L. 流水声

M. 风声　　　　　　　　　N. 雨声

O. 昆虫叫声

其他:_____

9. 在第8题您选择的声音中,哪些声音让您感到轻松和快乐?
(请按照喜好程度从高到低填写序号):_____

_____

10. 在第8题您没有选择的声音中,哪些声音让您感到轻松和快乐?

（请填写序号）：_____

_____

非常感谢您的配合与帮助,谢谢!

附录2

儿童恢复性声景感知评价量表（PRSS-C）

性别：_____ 年龄：_____

年级：_____ 声景：_____

指导语：下面你将听到一系列声音，同时放映图片。请想象自己置身其中，记住自己对这些声音的感受，并在下面的每个选项上给这些声音打分，在最符合自己感受的分数上打√。

PRSS-C	一点也不	好像有点	比较	相当	特别
1. 这种声音吸引你吗？	1	2	3	4	5
2. 这种声音有趣吗？	1	2	3	4	5
3. 你还想听得更久一点吗？	1	2	3	4	5
4. 这种声音会引发你的思考和想象吗？	1	2	3	4	5
5. 你有没有感觉自己沉浸在这种声音里了？	1	2	3	4	5
6. 你觉得这种声音在日常生活中少见吗？	1	2	3	4	5
7. 你觉得这种声音特别吗？	1	2	3	4	5
8. 在这种声音环境中，你会想做一些与众不同的事吗？	1	2	3	4	5
9. 这种声音环境可以让你暂时忘记学习和作业吗？	1	2	3	4	5
10. 这种声音环境可以让你感觉远离压力和烦恼吗？	1	2	3	4	5
11. 在这种声音环境中，你能放松和休息吗？	1	2	3	4	5
12. 你习惯这种声音环境吗？	1	2	3	4	5
13. 你能很快地适应这种声音环境吗？	1	2	3	4	5

续表

PRSS-C	一点也不	好像有点	比较	相当	特别
14. 在这种声音环境中,你可以做自己喜欢的事情吗?	1	2	3	4	5
15. 你觉得听到的声音是属于图片中这个地方的吗?	1	2	3	4	5
16. 你觉得听到的声音和图片中的环境和谐吗?	1	2	3	4	5

附录3

儿童持续注意力恢复测试记录表

分组：

基准水平	反应时间		
	反应错误		
声景	指标	播放前	播放后
1	反应时间		
	反应错误		
2	反应时间		
	反应错误		
休息10分钟			
3	反应时间		
	反应错误		
4	反应时间		
	反应错误		

1. 性别：□男　　□女
2. 年龄：＿＿＿＿＿＿＿

附录 4

儿童短时记忆力恢复测试记录表

分组：

基准值	1		2		3		4	
	前	后	前	后	前	后	前	后

1. 性别：□男　□女
2. 年龄：_____

参 考 文 献

［1］ 国家统计局. 中国统计年鉴［M］. 北京：中国统计出版社，2019.

［2］ MCMICHAEL A J. The urban environment and health in a world of increasing globalization：issues for developing countries［J］. Bulletin of the world Health Organization，2000，78：1117-1126.

［3］ GONG P，LIANG S，CARLTON E J，et al. Urbanisation and health in China［J］. The Lancet，2012，379（9818）：843-852.

［4］ MOLNAR B E，GORTMAKER S L，BULL F C，et al. Unsafe to play？ Neighborhood disorder and lack of safety predict reduced physical activity among urban children and adolescents［J］. American journal of health promotion，2004，18（5）：378-386.

［5］ LOUV R. The nature principle：Human restoration and the end of nature-deficit disorder［M］. Chapel Hill，NC：Algonquin Books，2011.

［6］ 苑立新. 儿童蓝皮书：中国儿童发展报告（2019）［M］. 北京：社会科学文献出版社，2019.

［7］ HESKETH T，ZHEN Y，LU L，et al. Stress and psychosomatic symptoms in Chinese school children：Cross-sectional survey［J］. Archives of Disease in Childhood，2010，95（2）：136-140.

［8］ ELSLEY S. Children's experience of public space［J］. Children & Society，2004，18（2）：155-164.

［9］ HARTIG T. Restorative environments［J］. Encyclopedia of Applied Psychology，2004，3：273-279.

［10］ ASHTON J，GREY P，BARNARD K. Healthy cities—WHO's new public health initiative［J］. Health Promotion International，

1986, 1(3): 319-324.

[11] HARIG T, STAATS H. Guest Editors' introduction: restorative environments[J]. Journal of Environmental Psychology, 2003, 23 (2):103-107.

[12] 苏谦, 辛自强. 恢复性环境研究: 理论、方法与进展[J]. 心理科学进展, 2010, 18(1): 177-184.

[13] KNIGHT J F, STONE R J, QIAN C. Virtual restorative environments[J]. International Journal of Gaming and Computer-Mediated Simulations, 2012, 4(3): 73-91.

[14] KANG J, ALETTA F, GJESTLAND T, et al. Ten questions on the soundscapes of the built environment[J]. Building and Environment, 2016, 108: 284-294.

[15] 国家统计局. 2018 年《中国儿童发展纲要(2011—2020 年)》统计监测报告[R]. 北京:中国统计出版社, 2018.

[16] 张珍, 张圆. 交通噪声对儿童影响的研究综述[J]. 声学技术, 2018, 37(4): 354-361.

[17] EVANS G. Child development and the physical environment [J]. Annual Review of Psychology, 2006, 57(1): 423-451.

[18] SPIVAK L G, CHUTE P M. The relationship between electrical acoustic reflex thresholds and behavioral comfort levels in children and adult cochlear implant patients[J]. Ear and Hearing, 1994, 15(2): 184-192.

[19] STANSFELD S, CLARK C. Health effects of noise exposure in children[J]. Current Environmental Health Reports, 2015, 2 (2): 171-178.

[20] DZHAMBOV A M, DIMITROVA D D. Children's blood pressure and its association with road traffic noise exposure-A systematic review with meta-analysis[J]. Environmental Research, 2017, 152: 244-255.

[21] BELOJEVIC G, JAKOVLJEVIC B, STOJANOV V, et al. Urban road-traffic noise and blood pressure and heart rate in preschool

children[J]. Environment International, 2008, 34(2): 226-231.

[22] SPILSKI J, RUMBERG M, BERCHTHOLD M, et al. Effects of aircraft noise and living environment on children's well-being and health[C]. Aachen, Germany: Proceedings of the 23nd International Congress on Acoustics, 2019.

[23] HAINES M M, STANSFELD S A, JOB R F, et al. Chronic aircraft noise exposure, stress responses, mental health and cognitive performance in school children[J]. Psychological Medicine, 2001, 31(2): 265-277.

[24] SÖDERLUND G, SIKSTRÖM S, LOFTESNES J M, et al. The effects of background white noise on memory performance in inattentive school children[J]. Behavioral and Brain Functions, 2010, 6(1): 1-10.

[25] ISING H, LANGE-ASSCHENFELDT H, MORISKE H J, et al. Low frequency noise and stress: Bronchitis and cortisol in children exposed chronically to traffic noise and exhaust fumes[J]. Noise and Health, 2004, 6(23): 21-28.

[26] 张兰, 马蕙. 环境噪声对儿童短时记忆力和注意力的影响[J]. 声学学报, 2018, 43(2): 246-252.

[27] SPILSKI J, BERGSTRÖM K, MAYERL J, et al. Aircraft noise exposure and children's cognition: evidence for a daytime NAT criterion[C]. Hongkong, China: Proceedings of Inter-Noise, 2017.

[28] BABISCH W, SCHULZ C, SEIWERT M, et al. Noise annoyance as reported by 8-to 14-year-old children[J]. Environment and Behavior, 2012, 44(1): 68-86.

[29] STANSFELD S A, BERGLUND B, CLARK C, et al. Aircraft and road traffic noise and children's cognition and health: A cross-national study[J]. The Lancet, 2005, 365(9475): 1942-1949.

[30] TIESLER C M T, BIRK M, THIERING E, et al. Exposure to road traffic noise and children's behavioural problems and sleep disturbance: Results from the GINIplus and LISAplus studies [J]. Environmental Research, 2013, 123: 1-8.

[31] LUBMAN D, SUTHERLAND L C. The role of soundscape in children's learning[J]. The Journal of the Acoustical Society of America, 2002, 112(5): 2412-2413.

[32] ANDERSON K. The problem of classroom acoustics: The typical classroom soundscape is a barrier to learning[J]. Seminars in Hearing, 2004, 25(2): 117-129.

[33] KAPLAN R, KAPLAN S. The experience of nature: a psychological perspective [M]. New York: Cambridge University Press, 1989.

[34] ULRICH R S, SIMONS R F, LOSITO B D, et al. Stress recovery during exposure to natural and urban environments [J]. Journal of Environmental Psychology, 1991, 11(3): 201-230.

[35] HARTIG T, EVANS G W, JAMNER L D, et al. Tracking restoration in natural and urban field settings[J]. Journal of Environmental Psychology, 2003, 23(2): 109-123.

[36] GIDLOW C J, JONES M V, HURST G, et al. Where to put your best foot forward: Psycho-physiological responses to walking in natural and urban environments[J]. Journal of Environmental Psychology, 2016, 45: 22-29.

[37] KARMANOV D, HAMEL R. Assessing the restorative potential of contemporary urban environment(s): Beyond the nature versus urban dichotomy [J]. Landscape and Urban Planning, 2008, 86(2): 115-125.

[38] 徐磊青. 恢复性环境、健康和绿色城市主义[J]. 南方建筑, 2016(3): 101-107.

[39] 陈晓, 王博, 张豹. 远离"城嚣": 自然对人的积极作用、理论及其应用[J]. 心理科学进展, 2016, 24(2): 270-281.

［40］ HERZOG T R, CHEN H C, PRIMEAU J S. Perception of the restorative potential of natural and other settings［J］. Journal of Environmental Psychology, 2002, 22(3): 295-306.

［41］ MENARDO E, BRONDINO M, HALL R, et al. Restorativeness in natural and urban environments: A meta-analysis［J］. Psychological Reports, 2021, 124(2):417- 437.

［42］ BEIL K, HANES D. The influence of urban natural and built environments on physiological and psychological measures of stress-A pilot study［J］. International Journal of Environmental Research and Public Health, 2013, 10(4): 1250-1267.

［43］ 马明, 蔡镇钰. 健康视角下城市绿色开放空间研究——健康效用及设计应对［J］. 中国园林, 2016, 32(11): 66-70.

［44］ NORDH H, HARTIG T, HAGERHALL C M, et al. Components of small urban parks that predict the possibility for restoration［J］. Urban Forestry & Urban Greening, 2009, 8(4): 225-235.

［45］ ZHAO J, WU J, WANG H. Characteristics of urban streets in relation to perceived restorativeness［J］. Journal of Exposure Science & Environmental Epidemiology, 2020, 30(2): 309-319.

［46］ TYRVÄINEN L, OJALA A, KORPELA K, et al. The influence of urban green environments on stress relief measures: A field experiment［J］. Journal of Environmental Psychology, 2014, 38: 1-9.

［47］ AMICONE G, PETRUCCELLI I, DE DOMINICIS S, et al. Green breaks: The restorative effect of the school environment's green areas on children's cognitive performance［J］. Frontiers in Psychology, 2018, 9: 1579.

［48］ CHAWLA L, KEENA K, PEVEC I, et al. Green schoolyards as havens from stress and resources for resilience in childhood and adolescence［J］. Health & Place, 2014, 28: 1-13.

[49] 张圆. 城市开放空间声景恢复性效益及声环境品质提升策略研究[J]. 新建筑, 2014(5): 18-21.

[50] PACKER J, BOND N W. Museums as restorative environments [J]. Curator: The Museum Journal, 2010, 53(4): 421-436.

[51] SCOPELLITI M, CARRUS G, BONAIUTO M. Is it really nature that restores people? A comparison with historical sites with high restorative potential [J]. Frontiers in psychology, 2018, 9: 2742.

[52] NORDH H, EVENSEN K H, SKÄR M. A peaceful place in the city—A qualitative study of restorative components of the cemetery[J]. Landscape and Urban Planning, 2017, 167: 108-117.

[53] LAI K Y Y, SCOTT I, SUN Z. Everyday use of the city cemetery: A study of environmental qualities and perceived restorativeness in a scottish context[J]. Urban Science, 2019, 3(3): 72.

[54] BENFIELD J A, RAINBOLT G N, BELL P A, et al. Classrooms with nature views: Evidence of differing student perceptions and behaviors[J]. Environment and Behavior, 2015, 47(2): 140-157.

[55] DZHAMBOV A M, MARKEVYCH I, TILOV B, et al. Lower noise annoyance associated with GIS-derived greenspace: Pathways through perceived greenspace and residential noise[J]. International Journal of Environmental Research and Public Health, 2018, 15(7): 1533.

[56] WHITE M, SMITH A, HUMPHRYES K, et al. Blue space: The importance of water for preference, affect, and restorativeness ratings of natural and built scenes[J]. Journal of Environmental Psychology, 2010, 30(4): 482-493.

[57] WOOD E, HARSANT A, DALLIMER M, et al. Not all green space is created equal: Biodiversity predicts psychological restorative benefits from urban green space[J]. Frontiers in Psy-

chology, 2018, 9: 2320.

[58] HEDBLOM M, GUNNARSSON B, IRAVANI B, et al. Reduction of physiological stress by urban green space in a multisensory virtual experiment [J]. Scientific Reports, 2019, 9(1): 10113.

[59] 李辉. 基于身体感知的城市设计研究与实践[J]. 时代建筑, 2019(4): 174-179.

[60] ZHANG S, ZHAO X, ZENG Z, et al. The influence of audio-visual interactions on psychological responses of young people in urban green areas: A case study in two parks in China[J]. International Journal of Environmental Research and Public Health, 2019, 16(10):1845.

[61] 郭庭鸿, 舒波, 董靓. 自然与健康——自然景观应对压力危机的实证进展及启示[J]. 中国园林, 2018, 34(5): 52-56.

[62] 朱晓玥, 金凯, 余洋. 基于压力恢复作用的城市自然环境视听特征研究进展[C].北京:中国建筑工业出版社, 2018.

[63] HARTIG T, MITCHELL R, VRIES S, et al. Nature and health [J]. Annual Review of Public Health, 2014, 35: 207-228.

[64] HARTIG T, KORPELA K, EVANS G , et al. Validation of a measure of perceived environmental restorativeness[J]. Journal of Environmental Education, 1996, 32(1): 1-64.

[65] HARTIG T, KORPELA K, EVANS G, et al. A measure of restorative quality in environments[J]. Scandinavian Housing and Planning Research, 1997, 14(4): 175-194.

[66] LAUMANN K, GÄRLING T, STORMARK K M. Rating scale measures of restorative components of environments[J]. Journal of Environmental Psychology, 2001, 21(1): 31-44.

[67] HERZOG T R, COLLEEN, MAGUIRE P, et al. Assessing the restorative components of environments[J]. Journal of Environmental Psychology, 2003, 23(2): 159-170.

[68] HAN K T. A reliable and valid self-rating measure of the restor-

ative quality of natural environments[J]. Landscape and Urban Planning, 2003, 64(4): 209-232.

[69] BAGOT K L. Perceived restorative components: A scale for children[J]. Children Youth and Environments, 2004, 14(1): 107-129.

[70] BERTO R. Exposure to restorative environments helps restore attentional capacity[J]. Journal of Environmental Psychology, 2005, 25(3): 249-259.

[71] BERMAN M G, KROSS E, KRPAN K M, et al. Interacting with nature improves cognition and affect for individuals with depression[J]. Journal of Affective Disorders, 2012, 140(3): 300-305.

[72] CONNIFF A, CRAIG T. A methodological approach to understanding the wellbeing and restorative benefits associated with greenspace[J]. Urban Forestry & Urban Greening, 2016, 19 (1): 103-109.

[73] SAN-JUAN C, SUBIZA-PÉREZ M, VOZMEDIANO L. Restoration and the city: The role of public urban squares[J]. Frontiers in Psychology, 2017, 8: 1-13.

[74] WANG X, RODIEK S, WU C, et al. Stress recovery and restorative effects of viewing different urban park scenes in Shanghai, China[J]. Urban Forestry & Urban Greening, 2016, 15: 112-122.

[75] CHANG C Y, HAMMITT W E, CHEN P K, et al. Psychophysiological responses and restorative values of natural environments in Taiwan[J]. Landscape and Urban Planning, 2008, 85(2): 79-84.

[76] LARGO-WIGHT E, O'HARA B K, CHEN W W. The efficacy of a brief nature sound intervention on muscle tension, pulse rate, and self-reported stress: Nature contact micro-break in an office or waiting room[J]. Health Environments Research and

Design Journal, 2016, 9(4): 91-97.

[77] ANDERSON A, MAYER M D, FELLOWS A M, et al. Relaxation with immersive natural scenes presented using virtual reality [J]. Aerospace Medicine and Human Performance, 2017, 88 (6): 520-526.

[78] KHALFA S, BELLA S D, ROY M, et al. Effects of relaxing music on salivary cortisol level after psychological stress[J]. Annals of the New York Academy of Sciences, 2003, 999(1): 374-376.

[79] LEE J, TSUNETSUGU Y, TAKAYAMA N, et al. Influence of forest therapy on cardiovascular relaxation in young adults[J]. Evidence-Based Complementary and Alternative Medicine, 2014, 2014: 1-7.

[80] GOLDING S E, GATERSLEBEN B, CROPLEY M. An experimental exploration of the effects of exposure to images of nature on rumination[J]. International Journal of Environmental Research and Public Health, 2018, 15(2): 300.

[81] TAKAYAMA N, KORPELA K, LEE J, et al. Emotional, restorative and vitalizing effects of forest and urban environments at four sites in Japan[J]. International Journal of Environmental Research and Public Health, 2014, 11(7): 7207-7230.

[82] ZIJLSTRA E, HAGEDOORN M, KRIJNEN W P, et al. Motion nature projection reduces patient's psycho-physiological anxiety during CT imaging[J]. Journal of Environmental Psychology, 2017, 53: 168-176.

[83] KENSINGER E A. Remembering emotional experiences: The contribution of valence and arousal[J]. Reviews in the Neurosciences, 2004, 15(4): 241-251.

[84] ROBERTS H, LISSA C J, HAGEDOORN P, et al. The effect of short-term exposure to the natural environment on depressive mood: A systematic review and meta-analysis[J]. Environmen-

tal Research, 2019, 177: 108606.

[85] 陈筝, 翟雪倩, 叶诗韵,等. 恢复性自然环境对城市居民心智健康影响的荟萃分析及规划启示[J]. 国际城市规划, 2016, 31(4): 16-26,43.

[86] POUYESH V, AMANIYAN S, HAJI MOHAMMAD HOSEINI M, et al. The effects of environmental factors in waiting rooms on anxiety among patients undergoing coronary angiography: A randomized controlled trial[J]. International Journal of Nursing Practice, 2018, 24(6): 12682.

[87] SONG C, IKEI H, KAGAWA T, et al. Effects of walking in a forest on young women[J]. International Journal of Environmental Research and Public Health, 2019, 16(2): 229.

[88] WELLS N M, EVANS G. Nearby nature: A buffer of life stress among rural children[J]. Environment and Behavior, 2003, 35(3): 311-330.

[89] BROWNING M, LEE K, WOLF K. Tree cover shows an inverse relationship with depressive symptoms in elderly residents living in U.S. nursing homes[J]. Urban Forestry and Urban Greening, 2019, 41: 23-32.

[90] TAYLOR A F, KUO F E. Children with attention deficits concentrate better after walk in the park[J]. Journal of Attention Disorders, 2009, 12(5): 402- 409.

[91] LINDAL P J, HARTIG T. Architectural variation, building height, and the restorative quality of urban residential streetscapes[J]. Journal of Environmental Psychology, 2013, 33: 26-36.

[92] HUSSAIN R I, WALCHER R, EDER R, et al. Management of mountainous meadows associated with biodiversity attributes, perceived health benefits and cultural ecosystem services[J]. Scientific Reports, 2019, 9(1):14977.

[93] SHEPHERD D, WELCH D, DIRKS K N, et al. Do quiet areas

afford greater health-related quality of life than noisy areas?
[J]. International Journal of Environmental Research and Pub-
lic Health, 2013, 10(4): 1284-1303.

[94] TWEDT E, RAINEY R M, PROFFITT D R. Beyond nature:
The roles of visual appeal and individual differences in perceived
restorative potential[J]. Journal of Environmental Psychology,
2019, 65: 101322.

[95] KRUIZE H, VAN KAMP I, VAN DEN BERG M, et al. Explo-
ring mechanisms underlying the relationship between the natural
outdoor environment and health and well-being-Results from the
PHENOTYPE project [J]. Environment International, 2020,
134: 105173.

[96] KORPELA K M, YLÉN M, TYRVÄINEN L, et al. Determi-
nants of restorative experiences in everyday favorite places[J].
Health and Place, 2008, 14(4): 636- 652.

[97] RATCLIFFE E, KORPELA K M. Time-and self-related memo-
ries predict restorative perceptions of favorite places via place
identity[J]. Environment and Behavior, 2018,50(6):690-
720.

[98] 郭庭鸿. 城市绿色空间健康效益的社会生态调节因素研究
[J]. 西部人居环境学刊, 2019, 34(3): 35- 41.

[99] SCHAFER R M. The new soundscape[M]. Scarborough,Ontar-
io:Berandol Music Limited, 1969.

[100] KANG J, SCHULTE-FORTKAMP B. Soundscape and the built
environment[M]. Boa Raton,FL,USA: CRC press, 2018.

[101] KOGAN P, ARENAS J P, BERMEJO F, et al. A Green
Soundscape Index (GSI): The potential of assessing the per-
ceived balance between natural sound and traffic noise [J].
Science of the Total Environment, 2018, 642: 463- 472.

[102] AXELSSON Ö, GUASTAVINO C, PAYNE S R. Editorial:
Soundscape Assessment [J]. Frontiers in Psychology, 2019,

10: 2514.

[103] AXELSSON Ö, NILSSON M E, BERGLUND B. A principal components model of soundscape perception[J]. The Journal of the Acoustical Society of America, 2010, 128(5): 2836-2846.

[104] ALETTA F, OBERMAN T, KANG J. Positive health-related effects of perceiving urban soundscapes: a systematic review [J]. The Lancet, 2018, 392: S3.

[105] BASNER M, BABISCH W, DAVIS A, et al. Auditory and non-auditory effects of noise on health[J]. The Lancet, 2014, 383(9925): 1325-1332.

[106] World Health Organization Regional Office for Europe. Environmental noise guidelines for the European Region[EB/OL]. https://www. who. int/europe/publications/i/item/9789289053563. 30 January 2019.

[107] VOTSI N E P, KALLIMANIS A S, PANTIS J D. The distribution and importance of Quiet Areas in the EU[J]. Applied Acoustics, 2017, 127: 207-214.

[108] GIDLÖF-GUNNARSSON A, ÖHRSTRÖM E. Attractive "Quiet" courtyards: A potential modifier of urban residents' responses to road traffic noise? [J]. International Journal of Environmental Research and Public Health, 2010, 7(9): 3359-3375.

[109] PAYNE S R, BRUCE N. Exploring the relationship between urban quiet areas and perceived restorative benefits[J]. International Journal of Environmental Research and Public Health, 2019, 16(9): 1611.

[110] ALETTA F, KANG J. Promoting healthy and supportive acoustic environments: Going beyond the quietness[J]. International Journal of Environmental Research and Public Health, 2019, 16(24):4988.

[111] HERRANZ-PASCUAL K, ASPURU I, IRAURGI I, et al. Go-

ing beyond quietness: Determining the emotionally restorative effect of acoustic environments in urban open public spaces [J]. International Journal of Environmental Research and Public Health, 2019, 16(7): 1284.

[112] BENFIELD J A, TAFF B D, NEWMAN P B, et al. Natural sound facilitates mood recovery[J]. Ecopsychology, 2014, 6 (3): 183-188.

[113] MACKRILL J, JENNINGS P, CAIN R. Exploring positive hospital ward soundscape interventions[J]. Applied Ergonomics, 2014, 45(6): 1454-1460.

[114] RATCLIFFE E, GATERSLEBEN B, SOWDEN P T. Bird sounds and their contributions to perceived attention restoration and stress recovery[J]. Journal of Environmental Psychology, 2013, 36: 221-228.

[115] RATCLIFFE E, GATERSLEBEN B, SOWDEN P T. Predicting the perceived restorative potential of bird sounds through acoustics and aesthetics[J]. Environment and Behavior, 2020, 52 (4):371- 400.

[116] HEDBLOM M, HEYMAN E, ANTONSSON H, et al. Bird song diversity influences young people's appreciation of urban landscapes[J]. Urban Forestry & Urban Greening, 2014, 13 (3): 469- 474.

[117] LERCHER P, VAN KAMP I, VON LINDERN E, et al. Perceived soundscapes and health-related quality of life, context, restoration, and personal characteristics[G]. Boca Raton, FL, USA: CRC Press, 2015.

[118] ALETTA F, OBERMAN T, KANG J. Associations between positive health-related effects and soundscapes perceptual constructs: A systematic review[J]. International Journal of Environmental Research and Public Health, 2018, 15(11): 2392.

[119] GOULD VAN PRAAG C D, GARFINKEL S N, SPARASCI O,

et al. Mind-wandering and alterations to default mode network connectivity when listening to naturalistic versus artificial sounds[J]. Scientific Reports, 2017, 7: 45273.

[120] ZHANG Y, KANG J, KANG J. Effects of soundscape on the environmental restoration in urban natural environments [J]. Noise & health, 2017, 19(87): 65-72.

[121] JAHNCKE H, HYGGE S, HALIN N, et al. Open-plan office noise: Cognitive performance and restoration[J]. Journal of Environmental Psychology, 2011, 31(4): 373-382.

[122] EMFIELD A G, NEIDER M B. Evaluating visual and auditory contributions to the cognitive restoration effect[J]. Front Psychol, 2014, 5: 548.

[123] MEDVEDEV O, SHEPHERD D, HAUTUS M J. The restorative potential of soundscapes: A physiological investigation[J]. Applied Acoustics, 2015, 96: 20-26.

[124] ALVARSSON J J, WIENS S, NILSSON M E. Stress recovery during exposure to nature sound and environmental noise[J]. International Journal of Environmental Research and Public Health, 2010, 7(3): 1036-1046.

[125] HUME K, AHTAMAD M. Physiological responses to and subjective estimates of soundscape elements[J]. Applied Acoustics, 2013, 74(2): 275-281.

[126] HEDBLOM M, GUNNARSSON B, SCHAEFER M, et al. Sounds of nature in the city: No evidence of bird song improving stress recovery[J]. International Journal of Environmental Research and Public Health, 2019, 16(8): 1390.

[127] MA H, SHU S. An experimental study: The restorative effect of soundscape elements in a simulated open-plan office[J]. Acta Acustica united with Acustica, 2018, 104(1): 106-115.

[128] 张圆. 城市公共开放空间声景的恢复性效应研究[D]. 哈尔滨:哈尔滨工业大学, 2016.

[129] 王清勤, 孟冲, 李国柱. T/ASC 02—2016《健康建筑评价标准》编制介绍[J]. 建筑科学, 2017, 33(2): 163-166.

[130] JAMES W. Psychology: The briefer course[M]. New York: Holt, 1892.

[131] WETZEL N, WIDMANN A, BERTI S, et al. The development of involuntary and voluntary attention from childhood to adulthood: A combined behavioral and event-related potential study [J]. Clinical Neurophysiology, 2006, 117(10): 2191-2203.

[132] KAPLAN S. The restorative benefits of nature: Toward an integrative framework[J]. Journal of Environmental Psychology, 1995, 15(3): 169-182.

[133] ULRICH R S. View through a window may influence recovery from surgery[J]. Science(New York, N. Y.), 1984, 224 (4647): 420- 421.

[134] JOHNSON A E, PERRY N B, HOSTINAR C E, et al. Cognitive-affective strategies and cortisol stress reactivity in children and adolescents: Normative development and effects of early life stress[J]. Developmental Psychobiology, 2019, 61(7): 999-1013.

[135] PIAGET J. Part I: Cognitive development in children: Piaget development and learning[J]. Journal of Research in Science Teaching, 1964, 2(3): 176-186.

[136] WELLS N M. At home with nature: Effects of "greenness" on children's cognitive functioning[J]. Environment and Behavior, 2000, 32(6): 775-795.

[137] SMITH C, CARLSON B E. Stress, coping, and resilience in children and youth[J]. Social Service Review, 1997, 71(2): 231-256.

[138] ERIKSON E H. Identity: Youth and crisis[M]. New York: WW Norton & Company, 1968.

[139] CHAPLIN T M, ALDAO A. Gender differences in emotion ex-

pression in children：A meta-analytic review[J]. Psychological Bulletin, 2013, 139(4)：735-765.

[140] International Organization for Standardization. ISO 12913—1：2014 Acoustics-Soundscape-Part Ⅰ：Definition and conceptual framework [S]. Geneva：ISO, 2014.

[141] 康健. 声景：现状及前景[J]. 新建筑, 2014(5)：4-7.

[142] 秦佑国. 声景学的范畴[J]. 建筑学报, 2005(1)：45-46.

[143] PAYNE S R. The production of a perceived restorativeness soundscape scale[J]. Applied Acoustics, 2013, 74(2)：255-263.

[144] EDWARDS D, MERCER N. Common knowledge (routledge revivals)：The development of understanding in the classroom [M]. London, UK：Routledge, 2013.

[145] JEON J Y, HONG J Y. Classification of urban park soundscapes through perceptions of the acoustical environments[J]. Landscape and Urban Planning, 2015, 141：100-111.

[146] 中华人民共和国环境保护部. GB 3097—2008：声环境质量标准 [S]. 北京：中国环境科学出版社, 2008.

[147] KORPELA K, KYTTÄ M, HARTIG T. Restorative experience, self-regulation, and children's place preferences[J]. Journal of Environmental Psychology, 2002, 22(4)：387-398.

[148] 中华人民共和国住房和城乡建设部. GB 50118—2010：民用建筑隔声设计规范 [S]. 北京：中国建筑工业出版社, 2010.

[149] 徐欢, 欧达毅. 教室声环境研究进展综述[J]. 建筑科学, 2015, 31(8)：35-40.

[150] LAVANDIER C, DEFRÉVILLE B. The contribution of sound source characteristics in the assessment of urban soundscapes [J]. Acta Acustica united with Acustica, 2006, 92(6)：912-921.

[151] KRZYWICKA P, BYRKA K. Restorative qualities of and pref-

erence for natural and urban soundscapes[J]. Frontiers in Psychology, 2017, 8: 1-13.

[152] LERCHER P, EVANS G W, MEIS M, et al. Ambient neighbourhood noise and children's mental health[J]. Occupational and Environmental Medicine, 2002, 59(6): 380-386.

[153] SHU S, MA H. The restorative environmental sounds perceived by children[J]. Journal of Environmental Psychology, 2018, 60: 72-80.

[154] BRÄNNSTRÖM K J, JOHANSSON E, VIGERTSSON D, et al. How children perceive the acoustic environment of their school[J]. Noise & health, 2017, 19(87): 84-94.

[155] PREIS A, KOCIŃSKI J, HAFKE-DYS H, et al. Audio-visual interactions in environment assessment[J]. Science of the Total Environment, 2015, 523: 191-200.

[156] STAATS H, KIEVIET A, HARTIG T. Where to recover from attentional fatigue: An expectancy-value analysis of environmental preference[J]. Journal of Environmental Psychology, 2003, 23(2): 147-157.

[157] BROWN L, KANG J, GJESTLAND T. Towards some standardization in assessing soundscape preference[J]. Applied Acoustics, 2011, 72: 387-392.

[158] VAN RENTERGHEM T, VANHECKE K, FILIPAN K, et al. Interactive soundscape augmentation by natural sounds in a noise polluted urban park[J]. Landscape and Urban Planning, 2020, 194: 103705.

[159] FABRIGAR L R, WEGENER D T, MACCALLUM R C, et al. Evaluating the use of exploratory factor analysis in psychological research[J]. Psychological Methods, 1999, 4(3): 272-299.

[160] GENUIT K, FIEBIG A. Psychoacoustics and its benefit for the soundscape approach[J]. Acta Acustica united with Acustica, 2006, 92(6): 952-958.

[161] ZWICKER E, FASTL H. Psychoacoustics: Facts and models [M]. Berlin Heidelberg, New York: Springer Science & Business Media, 2013.

[162] OHLY H, WHITE M P, WHEELER B W, et al. Attention restoration theory: A systematic review of the attention restoration potential of exposure to natural environments[J]. Journal of Toxicology and Environmental Health-part B-Critical Reviews, 2016, 19(7): 305-343.

[163] 梁宁建. 当代认知心理学[M]. 上海: 上海教育出版社, 2003.

[164] MANLY T, ROBERTSON I H, GALLOWAY M, et al. The absent mind: Further investigations of sustained attention to response[J]. Neuropsychologia, 1999, 37(6): 661-670.

[165] PASANEN T, JOHNSON K, LEE K, et al. Can nature walks with psychological tasks improve mood, self-reported restoration, and sustained attention? Results from two experimental field studies[J]. Front Psychol, 2018, 9: 1-22.

[166] ROSENTHAL E N, RICCIO C A, GSANGER K M, et al. Digit span components as predictors of attention problems and executive functioning in children[J]. Archives of Clinical Neuropsychology, 2006, 21(2): 131-139.

[167] ANNERSTEDT M, JÖNSSON P, WALLERGÅRD M, et al. Inducing physiological stress recovery with sounds of nature in a virtual reality forest—Results from a pilot study[J]. Physiology & Behavior, 2013, 118: 240-250.

[168] GERBER S M, JEITZINER M-M, WYSS P, et al. Visuo-acoustic stimulation that helps you to relax: A virtual reality set-up for patients in the intensive care unit[J]. Scientific Reports, 2017, 7(1): 13228.

[169] CALOGIURI G, LITLESKARE S, FAGERHEIM K, et al. Experiencing nature through immersive virtual environments: En-

vironmental perceptions, physical engagement, and affective responses during a simulated nature walk[J]. Frontiers in Psychology, 2018, 8(1): 1-14.

[170] GENUIT K, SCHULTE-FORTKAMP B, FIEBIG A. Psychoacoustics triggering the soundscape standardization [J]. The Journal of the Acoustical Society of America, 2013, 134(5): 4021- 4021.

[171] HALL D A, IRWIN A, EDMONDSON-JONES M, et al. An exploratory evaluation of perceptual, psychoacoustic and acoustical properties of urban soundscapes[J]. Applied Acoustics, 2013, 74(2): 248-254.

[172] LUNA B, GARVER K E, URBAN T A, et al. Maturation of cognitive processes from late childhood to adulthood[J]. Child Development, 2004, 75(5): 1357-1372.

[173] LOGAN G D, VAN ZANDT T, VERBRUGGEN F, et al. On the ability to inhibit thought and action: General and special theories of an act of control[J]. Psychological Review, 2014, 121(1): 66-95.

[174] JEON J Y, LEE P J, YOU J, et al. Acoustical characteristics of water sounds for soundscape enhancement in urban open spaces[J]. The Journal of the Acoustical Society of America, 2012, 131(3): 2101-2109.

[175] GALBRUN L, CALARCO F M A. Audio-visual interaction and perceptual assessment of water features used over road traffic noise[J]. Journal of the Acoustical Society of America, 2014, 136(5): 2609-2620.

[176] JEON J Y, LEE P J, YOU J, et al. Perceptual assessment of quality of urban soundscapes with combined noise sources and water sounds[J]. The Journal of the Acoustical Society of America, 2010, 127(3): 1357-1366.

[177] ALETTA F, KANG J. Towards an urban vibrancy model: A

soundscape approach[J]. International Journal of Environmental Research and Public Health, 2018, 15(8): 1712.

[178] YERKES R M, DODSON J D. The relation of strength of stimulus to rapidity of habit-formation[J]. Journal of Comparative Neurology and Psychology, 1908, 18(5): 459- 482.

[179] JAHNCKE H, HALIN N. Performance, fatigue and stress in open-plan offices: The effects of noise and restoration on hearing impaired and normal hearing individuals [J]. Noise Health, 2012, 14(60): 260-272.

[180] CHROUSOS G P. Stress and disorders of the stress system[J]. Nature Reviews Endocrinology, 2009, 5(7): 374-381.

[181] CORAZON S S, SIDENIUS U, POULSEN D V, et al. Psychophysiological stress recovery in outdoor nature-based interventions: A systematic review of the past eight years of research [J]. International Journal of Environmental Research and Public Health, 2019, 16(10): 1711.

[182] PARK S H, LEE P J. Effects of floor impact noise on psychophysiological responses[J]. Building and Environment, 2017, 116: 173-181.

[183] WOOLLER J J, BARTON J, GLADWELL V F, et al. Occlusion of sight, sound and smell during Green Exercise influences mood, perceived exertion and heart rate [J]. International Journal of Environmental Health Research, 2016, 26 (3): 267-280.

[184] BELOJEVIC G, JAKOVLJEVIC B, STOJANOV V, et al. Urban road-traffic noise and blood pressure and heart rate in preschool children[J]. Environment international, 2008, 34(2): 226-231.

[185] EVANS G W, LERCHER P, MEIS M, et al. Community noise exposure and stress in children[J]. The Journal of the Acoustical Society of America, 2001, 109(3): 1023-1027.

[186] DE KORT Y A W, MEIJNDERS A L, SPONSELEE A A G, et al. What's wrong with virtual trees? Restoring from stress in a mediated environment[J]. Journal of Environmental Psychology, 2006, 26(4): 309-320.

[187] BRADLEY M M, LANG P. Measuring emotion: The self-assessment manikin and the semantic differential[J]. Journal of Behavior Therapy and Experimental Psychiatry, 1994, 25(1): 49-59.

[188] BRADLEY M M, LANG P J. Affective reactions to acoustic stimuli[J]. Psychophysiology, 2000, 37: 204-215.

[189] MCMANIS M H, BRADLEY M M, BERG W K, et al. Emotional reactions in children: Verbal, physiological, and behavioral responses to affective pictures[J]. Psychophysiology, 2001, 38: 222-231.

[190] KRUEGER C, TIAN L. A comparison of the general linear mixed model and repeated measures ANOVA using a dataset with multiple missing data points[J]. Biological Research for Nursing, 2004, 6(2): 151-157.

[191] VIENNEAU D, SCHINDLER C, PEREZ L, et al. The relationship between transportation noise exposure and ischemic heart disease: A meta-analysis[J]. Environmental Research, 2015, 138: 372-380.

[192] ZHAO J, XU W, YE L. Effects of auditory-visual combinations on perceived restorative potential of urban green space[J]. Applied Acoustics, 2018, 141: 169-177.

[193] LIU Q, WU Y, XIAO Y, et al. More meaningful, more restorative? Linking local landscape characteristics and place attachment to restorative perceptions of urban park visitors[J]. Landscape and Urban Planning, 2020, 197: 103763.

[194] CERWÉN G, KREUTZFELDT J, WINGREN C. Soundscape actions: A tool for noise treatment based on three workshops in

landscape architecture [J]. Frontiers of Architectural Research, 2017, 6(4): 504-518.

[195] FOWLER M D. Soundscape as a design strategy for landscape architectural praxis[J]. Design Studies, 2013, 34(1): 111-128.

[196] BILD E, COLER M, PFEFFER K, et al. Considering sound in planning and designing public spaces: A review of theory and applications and a proposed framework for integrating research and practice [J]. Journal of Planning Literature, 2016, 31 (4): 419- 434.

[197] STICHLER J F, HAMILTON D K. Thoughts on the subject evidence-based design: What Is It? [J]. Health Enviroments Research & Design Journal, 2008, 1(2): 3-5.

[198] SACKETT D L, ROSENBERG W, GRAY J A, et al. Evidenced based medicine: what it is and what it is not[J]. British Medical Journal, 1996, 312(7023): 71-72.

[199] VERDERBER S. Dimensions of person-window transactions in the hospital environment [J]. Environment and behavior, 1986, 18(4): 450- 466.

[200] ULRICH R S. Effects of interior design on wellness: theory and recent scientific research[J]. Journal of health care interior design, 1991, 3(1): 97-109.

[201] HAMILTON D K. Hypothesis and measurement: Essential steps defining evidence-based design[J]. Healthcare Design, 2004, 4(1): 43- 46.

[202] ULRICH R, BERRY L L, QUAN X. A conceptual framework for the domain of evidence-based design[J]. Health Environments Research & Design Journal, 2010, 4(1): 95-114.

[203] DOWNTON P, JONES D, ZEUNERT J, et al. Biophilic design applications: Putting theory and patterns into built environment practice[J]. KnE Engineering, 2017, 2(2): 59- 65.